少儿环保科普小丛书

海洋污染与环保

本书编写组◎编

U0256799

中国出版集团公司

世界图书出版公司

广州·上海·西安·北京

图书在版编目（CIP）数据

海洋污染与环保／《海洋污染与环保》编写组编.
——广州：世界图书出版广东有限公司，2017.3
ISBN 978 - 7 - 5192 - 2492 - 9

Ⅰ．①海… Ⅱ．①海… Ⅲ．①海洋环境 - 环境保护 -
青少年读物 Ⅳ．①X55 - 49

中国版本图书馆 CIP 数据核字（2017）第 049856 号

书　　名：海洋污染与环保
　　　　　Haiyang Wuran Yu Huanbao

编　　者：本书编写组
责任编辑：冯彦庄
装帧设计：觉　晓
责任技编：刘上锦
出版发行：世界图书出版广东有限公司
地　　址：广州市海珠区新港西路大江冲 25 号
邮　　编：510300
电　　话：(020) 84460408
网　　址：http://www.gdst.com.cn/
邮　　箱：wpc_ gdst@ 163. com
经　　销：新华书店
印　　刷：虎彩印艺股份有限公司
开　　本：787mm×1092mm　1/16
印　　张：13
字　　数：200 千
版　　次：2017 年 3 月第 1 版　2019 年 2 月第 3 次印刷
国际书号：ISBN 978 - 7 - 5192 - 2492 - 9
定　　价：29. 80 元

前　言

　　海洋不仅是地球最早的生命发源地，而且为地球的绝大多数物种提供了丰富的资源，影响着地球上物种的生存。

　　海洋面积辽阔，储水量巨大，因而长期以来是地球上最稳定的生态系统。由陆地流入海洋的各种物质被海洋接纳，而海洋本身却没有发生显著的变化。然而近几十年来，随着世界工业的快速发展，海洋的污染也日趋严重，使局部海域环境发生了很大变化，并有继续扩展的趋势。

　　海洋的污染主要发生在靠近大陆的海湾。由于人口和工业密集，大量的废水和固体废物倾入海水，加上海岸曲折造成水流交换不畅，使得海水的温度、pH 值、含盐量、透明度、生物种类和数量等性状发生改变，对海洋的生态平衡构成危害。目前，海洋污染突出表现为石油污染、赤潮、有毒物质累积、塑料污染、核污染等几个方面；污染最严重的海域有波罗的海、地中海、东京湾、纽约湾、墨西哥湾等。就国家来说，沿海污染严重的有日本、美国、西欧诸国和前苏联解体后的国家。我国的渤海湾、黄海、东海和南海的污染状况也相当严重，虽然汞、镉、铅的浓度总体上尚在标准允许范围之内，但已有局部地区超标；石油和 COD 在各海域中均有超标现象。其中污染最严重的是渤海，污染已造成渔场外迁、鱼群死亡、赤潮泛滥，有些滩涂养殖场荒废，一些珍贵的海生资源正在消失。

　　据不完全统计，2007 年我国共发生较大渔业污染损害事故 1250 起，造成直接经济损失约 7.5 亿元；2008 年发生较大渔业污染损害事故 1301 起，造成直接经济损失约 8.6 亿元。2007 年我国共发生较大突发性海洋渔业污染损害事故 120 起，造成直接经济损失约 5.5 亿元，其中特大渔业污染损害事故（经济损失在 1000 万元以上）5 起，重大渔业污染损害事故（经济损失在 100 万元以上）13 起。2008 年共发生较大渔业污染损害事故 132 余起，造成直接经济损失约 5 亿元，其中特大渔业污染损害事故 4 起，重大渔业污染损害事故 10 起。日益严重的污染给生态环境带来了极为不利的后果，这一问题引起了有关国际组织及各国政府的极大关注。为防止、控制和减少污染，在一些国家和国际组织的努力下，国际社会先后制定了一系列公约，它们对防止、控制和减少污染起到了积极的作用。虽然，沿海各国政府及国际组织，针对各自实际情况制定了相应的法律，国际社会也针对世界海洋污染制定了一系列的国际公约，但是，海洋环境污染的形势还是非常严重。

　　海洋污染的特点是：污染源多，持续性强，扩散范围广，难以控制。海洋污染造成的海水浑浊严重影响海洋植物（浮游植物和海藻）的光合作用，从而影响海域的生产力，对鱼类也有危害。重金属和有毒有机化合物等有毒物质在海域中累积，对海洋动物和以此为食的其他动物造成毒害。石油污染在海洋表面形成面积广大的油膜，阻止空气中的氧气向海水中溶解，同时石油的分解也消耗水中的溶解氧，造成海水缺氧，对海洋生物产生危害，并祸及海鸟和人类。由于有机物污染引起的赤潮（海水富营养化的结果）造成海水缺氧，导致海洋生物死亡。海洋污染还会破坏海滨旅游资源。因此，海洋污染已经引起国际社会越来越多的重视。

　　本书将着重介绍海洋污染情况以及海洋保护的知识。希望同学们能从自己做起，树立对海洋的保护意识。

目 录
Contents

辽阔的海洋

　　浩瀚富饶的海洋，从蔚蓝到碧绿，美丽而又壮观。它到底有多深、多广？海中到底有哪些宝藏？

　　海洋，海洋。人们总是这样说，但好多人却不知道，海和洋不完全是一回事，它们彼此之间是不相同的。那么，它们有什么不同，又有什么关系呢？

地球上的海洋

　　全世界海洋的总面积为3.6亿平方千米，大约占地球表面积的70.9%。海洋中含有13.5亿立方千米的水，约占地球上总水量的97.5%。全球海洋一般被分为数个大洋和面积较小的海。4个主要的大洋为太平洋、大西洋、印度洋和北冰洋（有科学家又加上第五大洋——南极海，即南极洲附近的海域），大部分以陆地和海底地形线为界。四大洋在环绕南极大陆的水域即南极海（又称南部海〔Southern Ocean〕）大片相

美丽的海洋

连。传统上，南极海也被分为 3 个部分，分别隶属三大洋。将南极海的相应部分包含在内，太平洋、大西洋和印度洋分别占地球海水总面积的 14.2%、24% 和 20%。重要的边缘海多分布于北半球，它们部分为大陆或岛屿包围。最大的是北冰洋及其近海，此外还有亚洲的地中海（介于澳大利亚与东南亚之间）、加勒比海及其附近水域、地中海（欧洲）、白令海、鄂霍次克海、黄海、东海和日本海。

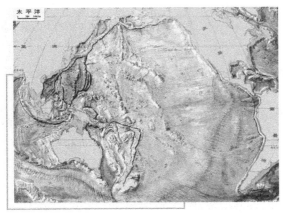

太平洋

太平洋是世界最大的大洋。包括属海的面积为 18134.4 万平方千米，不包括属海的面积为 16624.1 万平方千米，约占地球总面积的 1/3。从南极大陆海岸延伸至白令海峡，跨越纬度 135°，南北最宽 15500 千米。从南美洲的哥伦比亚海岸至亚洲的马来半岛，东西最长 21300 千米。包括属海的体积为 71441 万立方千米，不包括属海的体积为 69618.9 万立方千米。包括属海的平均深度为 3939.5 米，不包括属海的平均深度为 4187.8 米，已知最大深度 11034 米，位于马里亚纳海沟内。北部以宽仅 102 千米的白令海峡为界，东南部经南美洲的火地岛和南极洲葛兰姆地（Graham Land）之间的德雷克（Drake）海峡与大西洋沟通；西南部与印度洋的分界线为：从苏门答腊岛经爪哇岛至帝汶岛，再经帝汶海至澳大利亚的伦敦德里（Londonderry）角，再从澳大利亚南部经巴斯海峡，由塔斯马尼亚岛直抵南极大陆。由于地球上主要山系的布局，注入太平洋河流的水量仅占全世界河流注入海洋总水量的 1/7。在太平洋水系中，最主要的是中国及东南亚的河流。

"太平洋"一词最早出现于 16 世纪 20 年代，它是由大航海家麦哲伦及其船队首先叫开的。1519 年 9 月 20 日，葡萄牙航海家麦哲伦率领由 270 名水手组成的探险队从西班牙的塞维尔启航，西渡大西洋，他们要找到一条

通往印度和中国的新航路。12 月
13 日船队到达巴西的里约热内卢湾
稍作休整后，便向南进发，1520 年
3 月到达圣朱利安港。此后，船队
发生了内讧。费尽九牛二虎之力，
麦哲伦镇压了西班牙船队发起的叛
乱，船队继续南下。他们顶着惊涛
骇浪，吃尽了苦头，到达了南美洲
的南端，进入了一个海峡。这个后
来以麦哲伦命名的海峡更为险恶，
到处是狂风巨浪和险礁暗滩。又经
过 38 天的艰苦奋战，船队终于到
达了麦哲伦海峡的西端，然而此时
船队仅剩下 3 条船了，队员也损失

航海家麦哲伦

了一半。又经过 3 个月的艰苦航行，船队从南美越过关岛，来到菲律宾群
岛。这段航程再也没有遇到一次风浪，海面十分平静，原来船队已经进入
赤道无风带。饱受了先前滔天巨浪之苦的船员高兴地说：“这真是一个太平
洋啊!”从此，人们把美洲、亚洲、大洋洲之间的这片大洋称为“太平洋”。

大西洋是世界第二大洋。古名阿特拉斯海，名称起源于希腊神话中的
双肩负天的大力士神阿特拉斯。位于欧洲、非洲与北美、南美之间，北接
北冰洋，南接南极洲，西南以通过合恩角（Cape Horn）的经线（西经67°）
与太平洋为界，东南以通过厄加勒斯角（Cape Agulhas）的经线（东经20°）
与印度洋为界。包括属海的面积为 9431.4 万平方千米，不包括属海的面积
为 8655.7 万平方千米。包括属海的体积为 33271 万立方千米，不包括属海
的体积为 32336.9 万立方千米。包括属海的平均深度为 3575.4 米，不及太
平洋和印度洋，不包括属海的平均深度为 3735.9 米，已知最大深度为
9218 米。

英语“大西洋”（Atlantic）一词，源于希腊语词，意谓希腊神话中擎天
巨神阿特拉斯（Atlas）之海。按拉丁语，大西洋称为 Mare Atlanticum，希腊

大西洋

语的拉丁化形式为 Atlantis。原指地中海直布罗陀海峡至加那利群岛之间的海域，以后泛指整个海域。在有些拉丁语的文献中，大西洋也称为 Oceanus Occidentalis，意即西方大洋。

古代对大西洋的有关知识，均载于托勒密的地图里。1440～1540 年，大西洋上的几乎全部岛屿以及大洋的陆界基本测绘清楚。1819～1821 年，发现南极大陆及其周围的岛屿。1770 年，B. 富兰克林组织编绘的北大西洋海流图（主要描述了湾流的路径）制版付印。19 世纪以后，进入海洋学调查研究阶段。在各国组织的调查中，较重要的有英国的"挑战者"号（1872～1876）、"发现"号（1925～1927 和 1929～1938），俄国的"勇士"号（1886～1889），德国的"羚羊"号（1874～1876）和"流星"号（1925～1927）等考察活动，以及美国海岸及大地测量局对湾流的调查等。20 世纪 70 年代以来，对大西洋进行了海—气相互作用联合研究（Jasin）、多边形—中大洋动力学实验（POLYMODE）、全球大气研究计划大西洋热带实验（GATE）和法摩斯计划（FAMOUS）等专题调查和海上现场试验，使人们对大西洋有了更多的了解。

印度洋是世界的第三大洋。它位于亚洲、大洋洲、非洲和南极洲之间。包括属海的面积为 7411.8 万平方千米，不包括属海的面积为 7342.7 万平方千米，约占世界海洋总面积的 20%。包括属海的体积为 28460.8 万立方千米，不包括属海的体积为 28434 万立方千米。印度洋的平均深度仅次于太平洋，位居第二，包括属海的平均深度为 3839.9 米，不包括属海的平均深度为 3872.4 米。其北为印度、巴基斯坦和伊朗；西为阿拉伯半岛和非洲；东为澳大利亚、印度尼西亚和马来半岛；南为南极洲。它与大西洋的分界线是：从非洲南端的厄加勒斯角（Cape Agulhas）向南，沿东经20°线直抵南极大陆；与太平洋的分界线是：东南部从塔斯马尼亚岛的东南角向南，沿东经146°51′至南极大陆。位于塔斯马尼亚岛与澳大利亚大陆之间的巴斯（Bass）海峡是两大洋分界处，然而巴斯海峡究竟应划归太平洋或印度洋，学者的意见不一。东北部的分界线较难划

印度洋

定，有一些学者认为它经过澳大利亚和新几内亚岛之间的托雷斯（Torres）海峡，再由阿迪（Adi）岛经小巽他群岛（努沙登加拉群岛）和爪哇岛的南部，越巽他海峡至苏门答腊岛；但有的学者认为阿拉弗拉海和帝汶海应属于太平洋，不应划入印度洋。苏门答腊岛与马来半岛之间，有的主张以新加坡为界，有的主张以佩德罗角（Cape Pedro）向东北延伸划界，将马六甲海峡划入太平洋。

印度洋最深处在阿米兰特群岛西侧的阿米兰特海沟，深9074米。印度洋东、西、南三面海岸陡峭而平直，没有凸出的边缘海和内海。与亚洲相濒临的印度洋的北部，因受亚洲西部和南部岛屿、半岛的分隔，形成许多边缘海、内海、海湾和海峡。主要边缘海有安达曼海、阿拉伯海；主要内海有红海；海湾有孟加拉湾、阿曼湾、亚丁湾；主要海峡有曼德海峡、霍尔木兹海峡、马六甲海峡等。

北冰洋是世界第四大洋。它以北极为中心，介于亚洲、欧洲和北美洲之间，为三洲所环抱，近于半封闭形状。通过挪威海、格陵兰海和巴芬湾同大西洋连接，并以狭窄的白令海峡沟通太平洋。在亚洲与北美洲之间有白令海峡通太平洋，在欧洲与北美洲之间以冰岛—法罗海槛和威维亚·汤姆逊海岭与大西洋分界，有丹麦海峡及北美洲东北部的史密斯海峡与大西

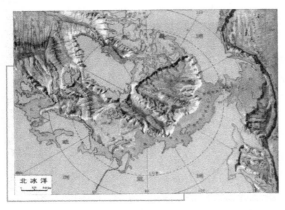

北冰洋

洋相通。

北冰洋的名字源于希腊语，意即正对大熊星座的海洋。1650年，德国地理学家B. 瓦伦纽斯首先把它划成独立的海洋，称大北洋；1845年伦敦地理学会命名为北冰洋。改为北冰洋一则是因为它在四大洋中位置最北，再则是因为该地区气候严寒，洋面上常年覆有冰层，所以人们称它为北冰洋。

北冰洋面积为1310万平方千米，约相当于太平洋面积的1/14，约占世界海洋总面积4.1%，是地球上四大洋中最小最浅的洋。有三条横贯海底的海岭。中央一条叫罗蒙诺索夫海岭（Lomonosov Ridge），从埃尔斯米尔岛延伸到新西伯利亚群岛，长1760千米，宽60～190千米，平均高3050米，深900～1650米；把北极海盆分为欧亚海盆（Eurasia Basin）与美亚海盆（Amerasia Basin）。欧亚海盆被一条从大西洋海脊展伸过来的南森海底山脉（Nansen Cordillera）分为南森海盆和弗拉姆海盆（Fram Basin）。美亚海盆被阿尔法海底山脉（Alpha Cordillera）分为马卡罗夫海盆（Makarov Basin）和加拿大海盆。

丰富的海洋资源

海洋资源指形成和存在于海水或海洋中的有关资源。包括海水中生存的生物，溶解于海水中的化学元素，海水波浪、潮汐及海流所产生的能量、贮存的热量，滨海、大陆架及深海海底所蕴藏的矿产资源，以及海水所形成的压力差、浓度差等。广义的还包括海洋提供给人们生产、生活和娱乐的一切空间和设施。

按资源性质和功能分为海洋生物资源和水域资源。世界水产品中的

85% 左右产于海洋。以鱼类为主体，占世界海洋水产品总量的 80% 以上，还有丰富的藻类资源。海水中含有丰富的海水化学资源，已发现的海水化学物质有 80 多种。其中，11 种元素（氯、钠、镁、钾、硫、钙、溴、碳、锶、硼和氟）占海水中溶解物质总量 99.8% 以上，可提取的化学物质达 50 多种。由于海水运动产生海洋动力资源，主要有潮汐能、波浪能、海流能及海水因温差和盐差而引起的温差能与盐差能等。估计全球海水温差能的可利用功率达 100×10^8 千瓦，潮汐能、波浪能、河流能及海水盐差能等可再生功率在 10×10^8 千瓦左右。

油气资源

现代化的人类经济、生活，对石油的需求日益增多。在当代，石油在能源中发挥第一位的作用。但是，由于比较容易开采的陆地上的一些大油田，有的业已告罄，有的濒于枯竭。为此，近 20～30 年来，世界上不少国家正在花大力气来发展海洋石油工业。

探测结果表明，世界石油资源储量为 10000 亿吨，可开采量约 3000 亿吨，其中海底储量为 1300 亿吨。

中国有浅海大陆架近 200 万平方千米。通过海底油田地质调查，先后发现了渤海、南黄海、东海、珠江口、北部湾、莺歌海以及台湾浅滩等 7 个大型盆地。其中东海海底蕴藏量之丰富，堪与欧洲的北海油田相媲美。

东海平湖油气田是中国东海发现的第一个中型油气田，位于上海东南 420 千米处。它是以天然气为主的中型油气田，深 2000～3000 米。据有关专家估计，天然气储量为 260 亿立方米，凝析油 474 万吨，轻质原油 874 万吨。

矿产资源

海洋蕴藏着 80 多种化学元素。有人计算过，如果将 1 立方千米海水中溶解的物质全部提取出来，除了 9.94 亿吨淡水以外，可生产食盐 3052 万吨、镁 236.9 万吨、石膏 244.2 万吨、钾 82.5 万吨、溴 6.7 万吨，以及碘、铀、金、银等等，由此可见海洋资源的价值。

食物资源

位于近海水域自然生长的海藻，年产量已相当于目前世界年产小麦总量的 15 倍以上。如果把这些藻类加工成食品，就能为人们提供充足的蛋白质、多种维生素以及人体所需的矿物质。海洋中还有丰富的肉眼看不见的浮游生物，加工成食品，足可满足 300 亿人的需要。海洋中还有众多的鱼虾，真是人类未来的粮仓。

海洋中的鱼和贝类能够为人类提供滋味鲜美、营养丰富的蛋白食物。

蛋白质是构成生物体的最重要的物质，它是生命的基础。现在人类消耗的蛋白质中，由海洋提供的不过 5% ~ 10%。令人焦虑的是，20 世纪 70 年代以来，海洋捕鱼量一直徘徊不前，有不少品种已经呈现枯竭现象。用一句民间的话来说，现在人类把黄鱼的孙子都吃得差不多了。要使海洋成为名副其实的粮仓，鱼鲜产量至少要比现在增加 10 倍才行。美国某海洋饲养场的实验表明，大幅度地提高鱼产量是完全可能的。

在自然界中，存在着数不清的食物链。在海洋中，有了海藻就有贝类，有了贝类就有小鱼乃至大鱼……海洋的总面积比陆地要大 1 倍多。世界上屈指可数的渔场，大都在近海。这是因为，藻生长需要阳光和硅、磷等化合物，这些条件只有接近陆地的近海才具备。海洋调查表明，在 1000 米以下的深海水中，硅、磷等含量十分丰富，只是它们浮不到温暖的表面层。因此，只有少数范围不大的海域，那儿由于自然力的作用，深海水自动上升到表面层，从而使这些海域海藻丛生，鱼群密集，成为不可多得的渔场。

海洋学家们从这些海域受到了启发，他们利用回升流的原理，在那些光照强烈的海区，用人工方法把深海水抽到表面层，而后在那儿培植海藻，再用海藻饲养贝类，并把加工后的贝类饲养龙虾。令人惊喜的是，这一系列试验都取得了成功。

有关专家乐观地指出，海洋粮仓的潜力是很大的。目前，产量最高的陆地农作物每公顷的年产量折合成蛋白质计算，只有 0.71 吨。而科学试验中同样面积的海水饲养产量最高可达 27.8 吨，具有商业竞争能力的产量也有 16.7 吨。

当然，从科学实验到实际生产将会面临许许多多困难。其中最主要的是从 1000 米以下的深海中抽水需要相当数量的电力。这么庞大的电力从何而来？显然，在当今条件下，这些能源需要量还无法满足。

不过，科学家们还是找到了窍门：他们准备利用热带和亚热带海域表面层和深海的水温差来发电。这就是所谓的海水温差发电。这就是说，设计的海洋饲养场将和海水温差发电站联合在一起。

据有关科学家计算，由于热带和亚热带海域光照强烈，在这一海区，可供发电的温水多达 6250 万亿立方米。如果人们每次用 1% 的温水发电，再抽同样数量的深海水用于冷却，将这一电力用于饲养，每年可得各类海鲜 7.5 亿吨。它相当于 20 世纪 70 年代中期人类消耗的鱼、肉总量的 4 倍。

通过这些简单的计算，不难看出，海洋成为人类未来的粮仓，是完全可行的。

海水能源

浩瀚的大海，不仅蕴藏着丰富的矿产资源，更有真正意义上取之不尽、用之不竭的海洋能源。它既不同于海底所储存的煤、石油、天然气等海底能源资源，也不同于溶于水中的铀、镁、锂、重水等化学能源资源。它有自己独特的方式与形态，就是用潮汐、波浪、海流、温度差、盐度差等方式表达的动能、势能、热能、物理化学能等能源，直接地说就是潮汐能、波浪能、海水温差能、海流能及盐度差能等。这是一种"再生性能源"，永远不会枯竭，也不会造成任何污染。

潮汐能就是潮汐运动时产生的能量，是人类利用最早的海洋动力资源。唐朝时的中国在沿海地区就出现了利用潮汐来推磨的小作坊。后来，到了 11 ~ 12 世纪，法、英等国也出现了潮汐磨坊。到了 20 世纪，潮汐能的魅力达到了高峰，人们开始懂得利用海水上涨下落的潮差能来发电。据估计，全世界的海洋潮汐能有 20 亿多千瓦，每年可发电 12400 万亿度（1 度 = 1 千瓦时）。

目前，世界上第一个也是最大的潮汐发电厂就处于法国的英吉利海峡的朗斯河河口，年供电量达 5.44 亿度。一些专家断言，未来无污染的廉价能源是永恒的潮汐。而另一些专家则着眼于普遍存在的、浮泛在全球潮汐之上的波浪。波浪能主要是由风的作用引起的海水沿水平方向周期性运动而产生的能量。

波浪能是巨大的，一个巨浪就可以把 13 吨重的岩石抛出 20 米高，一个波高 5 米、波长 100 米的海浪，在 1 米长的波峰片上就具有 3120 千瓦的能量，由此可以想象整个海洋的波浪所具有的能量该是多么惊人。据计算，全球海洋的波浪能达 700 亿千瓦，可供开发利用的为 20 亿 ~ 30 亿千瓦。每年发电量可达 9 万亿度。

除了潮汐与波浪能，海流也可以做出贡献。由于海流遍布大洋，纵横交错，川流不息，所以它们蕴藏的能量也是可观的。例如世界上最大的暖流——墨西哥洋流，在流经北欧时为 1 厘米长海岸线上提供的热量大约相当于燃烧 600 吨煤的热量。据估算，世界上可利用的海流能约为 0.5 亿千瓦。而且利用海流发电并不复杂。因此要海流做出贡献还是有利可图的事业，当然也是冒险的事业。把温度的差异作为海洋能源的想法倒是很奇妙。这就是海洋温差能，又叫海洋热能。由于海水是一种热容量很大的物质，海洋的体积又如此之大，所以海水容纳的热量是巨大的。这些热能主要来自太阳辐射，另外还有地球内部向海水放出的热量；海水中放射性物质的放热；海流摩擦产生的热，以及其他天体的辐射能，但 99.99% 来自太阳辐射。因此，海水热能随着海域位置的不同而差别较大。海洋热能是电能的来源之一，可转换为电能的为 20 亿千瓦。但 1881 年法国科学家德尔松石首次大胆提出海水发电的设想竟被埋没了近半个世纪，直到 1926 年，他的学生克劳德才实现了老师的夙愿。

此外，在江河入海口，淡水与海水之间还存在着鲜为人知的盐度差能。全世界可利用的盐度差能约有 26 亿千瓦，其能量甚至比温差能还要大。盐差能发电原理，实际上是利用浓溶液扩散到稀溶液中释放出的能量。由此可见，海洋中蕴藏着巨大的能量，只要海水不枯竭，其能量就生生不息。作为新能源，海洋能源已吸引了越来越多的人们的兴趣。

海洋的开发利用

随着工业的发展，人类对矿产资源的需求量成倍地增长，陆地地壳中的矿产资源储量逐渐减少，有的趋向枯竭，丰富的海底矿产资源将成为21世纪工业原料的重要供应基地。

海底矿产资源十分丰富，从近岸海底到大洋深处，从海底表层到海底岩石以下几千米深处，无不有矿物分布。而且矿种繁多，从固体矿产到液体矿产和气体矿产均有。不少矿产其分布规模之大，储量之丰富是陆地所不及的。

海底石油

海底蕴藏着丰富的石油和天然气资源。据统计，世界近海海底已探明的石油可采储量为220亿吨，天然气储最为17万亿立方米，分别占世界石油和天然气探明总可储量的24%和23%。

海底有石油，这在过去是不好理解的。自从19世纪末海底发现石油以后，科学家研究了石油生成的理论。在中、新生代，海底板块和大陆板块相挤压，形成许多沉积盆地，在这些盆地形成了几千米厚的沉积物。这些沉积物是海洋中的浮游生物的遗体（它们在特定的有利环境中大量繁殖），以及河流从陆地带来的有机质。这些沉积物被沉积的泥沙埋藏在海底，构造运动使盆地岩石变形，形成断块和背斜。伴随着构造运动而发生岩浆活动，产生大量热能，加速有机质转化为石油，并在圈闭中聚集和保存，成为现今的大陆架油田。

我国沿海和各岛屿附近海域的海底，蕴藏有丰富的

海上石油平台

石油和天然气资源，是世界海洋油气资源丰富的国家之一。

渤海是我国第一个开发的海底油田。渤海大陆架是华北沉降堆积的中心，大部分发现的新生代沉积物厚达4000米，最厚达7000米。这是很厚的海陆交互层，周围陆上的大量有机质和泥沙沉积其中，渤海的沉积又是在新生代第三纪适于海洋生物繁殖的高温气候下进行的，这对油气的生成极为有利。由于断陷伴随褶皱，产生一系列的背斜带和构造带，形成各种类型的油气藏。东海大陆架宽广，沉积厚度大于200米。

南海大陆架，是一个很大的沉积盆地，新生代地层2000~3000米，有的达6000~7000米，具有良好的生油和储油岩系。生油岩层厚达1000~4000米，经初步估计，整个南海的石油地质储量大致为230亿~300亿吨，约占中国总资源量的1/3；天然气储量8000亿立方米，是世界海底石油的富集区，有"第二个波斯湾"之称。

海上石油资源开发利用，有着广阔的前景。但是，由于在海上寻找和开采石油的条件与在陆地上不同，技术手段要比陆地上的复杂一些，建设投资比陆地上的高，风险要比陆地上的大，因此，当今世界海洋石油开发活动，绝大多数国家采取了国际合作的方式。

我国为了加快海上石油资源开发，明确规定我国拥有石油资源的所有权和管辖权；合作区的海域和资源、产品属我国所有；合作区的海域和面积大小以及选择合作对象，都由我国决定等一系列维护我国主权和利益的条款。合理利用外资和技术，已成为加速海上石油资源开发的重要途径。

海底矿产

海洋除了前面提到的石油、天然气外，还蕴藏着丰富的金属和非金属矿。至今已发现海底蕴藏的多金属结核矿、磷矿、贵金属和稀有元素砂矿、硫化矿等矿产资源达6000亿吨。若把太平洋

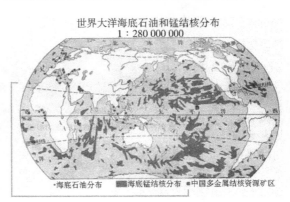

世界大洋海底石油和锰结核分布
1：280 000 000

·海底石油分布　■海底锰结核分布　●中国多金属结核资源矿区

海底矿产

蕴藏的 160 多亿吨多金属结核矿开采出来，其中镍可供全世界使用 2 万年，钴使用 34 万年，锰使用 18 万年，铜使用 1000 年。更为有趣的是，人们发现海底锰结核矿石（含锰、铁、钴、镍、钛、钒、锆、钼等多种金属）还在不断生长，它绝不会因为人类的开采而在将来消失。据美国科学家梅鲁估计，太平洋底的锰结核，以 1000 万吨/年左右的速度不断生长。假如每年仅从太平洋底新生长出来的锰结核中提取金属的。其中铜可供全世界用 3 年，钴可用 4 年，镍可以用 1 年。锰结核这一大洋深处的"宝石"，是世界上一种取之不尽、用之不竭的宝贵资源，是人类共同的财富。

然而要从 5 千米深的大洋底部采取锰结核，也是一件很不容易的事，一定要有先进的技术才行。目前只有少数几个发达国家能够办到。我国从 20 世纪 70 年代中期开始进行大洋锰结核调查。1978 年，"向阳红 05 号"海洋调查船在太平洋 4000 米水深海底首次捞获锰结核。此后，从事大洋锰结核勘探的中国海洋调查船还有"向阳红 16 号"、"向阳红 09 号"、"海洋 04 号"、"大洋 1 号"等。经多年调查勘探，在夏威夷西南、北纬 7°～13°、西经 138°～157°的太平洋中部海区，探明出一块可采储量为 20 亿吨的富矿区。1991 年 3 月，联合国海底管理局正式批准中国大洋矿产资源研究开发协会的申请，从而使中国得到 15 万平方千米的大洋锰结核矿产资源开发区。

海洋为人类的生存提供了极为丰富的宝贵资源，只要人类能合理地开发、利用，它将循环不息地为人类所用，取之不尽、用之不竭，是 21 世纪人类的重要资源供应地。

海洋渔场

海洋渔场是鱼类和其他水生经济动物形成集群，可供捕捞的特定海域。海洋渔场的形成有 2 个条件：①必须是有密集的经济水生生物栖息洄游的地方。②在该处能经营符合经济原则的渔业。海洋渔场按照鱼类习性分，有产卵渔场、索饵（育肥）渔场、越冬渔场。如果按照地理环境分，有大陆架（陆棚）上浅海渔场、寒暖两流潮境渔场、上升流域渔场、堆礁海岭渔场、感潮线（感满潮线）渔场。世界上的海洋渔场大部分集中于仅占海洋总面积 7% 的大陆架海域，其次是外海的海底高地、水下山脉和群岛或珊瑚礁附近海域。良好渔场既是经济水生物密集的地方，也是饵料生物大量繁殖之处，饵料生物对海洋渔场的形成最为重要。全世界有太平洋西北部、大西洋东北部、太平洋中西部、太平洋东南部、大西洋东南部等五大渔场。传统上北半球有开发较早的世界三大渔场：①欧洲西北渔场。指欧洲北海及其北部的北大西洋渔场，包括挪威、冰岛大陆架等，主要鱼类有鳕类、

鲱、沙丁鱼、鲆、鲽类等。②美洲大西洋北部渔场。包括纽芬兰到新英格兰一带的海域。主要生产鳕类、鲽、鲱、沙丁鱼、鲐等。③太平洋北部渔场。自中国沿岸经朝鲜、日本、堪察加周围海域，阿留申南北海域到加拿大、美国西岸海域。主要渔获物有带鱼、鲥鱼、大黄鱼、小黄鱼、竹荚鱼、鲐、鳕、狭鳕、银鳕、大马哈鱼、鳟、鲆、鲽等。这三大渔场资源

冰岛的渔场码头

14

已充分开发利用，有的资源数量已下降，国际间已为保护渔业资源采取计划渔业政策。各渔业国已逐步转向开发南半球的澳大利亚渔场、新西兰渔场、阿根廷外海渔场和南极渔场。

渤海是中国的内海，黄海、东海和南海都属西太平洋的陆缘海。渤海和黄海都位于大陆架上，东海和南海北部的大陆架面积分别占其海域面积的74%和10.7%，南海南部的西沙群岛和南沙

东海的渔船

群岛也多在大陆架区域。这些大陆架分别地处温带、亚热带和热带海域，既有大陆河川的大量径流注入，又受大陆沿岸流和黑潮暖流盛衰交汇影响，海洋理化环境优越，饵料生物资源丰富，适合不少捕捞生物繁殖、生长、栖息、越冬，成为海洋捕捞作业的好渔场。中国的海洋渔场一般按作业水域分为：①沿岸渔场。位于潮间带外水深40米以内，距岸较近，捕捞规模较小（定置网具和小型流动渔具）。②近海渔场。一般位于水深2千米以内的海域，是中国海洋捕捞的主要作业场所，因海区不同有潮隔涡流或上升流形成的渔场，也有海礁水流形成的渔场。③远洋渔场。远离本国基地到公海或别国近海捕捞作业的渔场。中国自北而南近海著名的渔场，如按海区分，有渤海渔场，烟威渔场，海洋岛渔场，石岛渔场，海州湾渔场，吕四洋渔场，大沙渔场，长江口渔场，舟山渔场，鱼山渔场，闽东、闽中和闽南渔场，台湾浅滩渔场、北部湾渔场，粤东、粤西渔场，南沙、西沙、东沙渔场等等。如按捕捞对象的种类和作业方式分，著名的有渤海的对虾渔场、真鳁渔场、毛虾渔场，黄海的贻贝渔场，太平洋的鲜渔场、鳍渔场，东海的大黄鱼渔场、带鱼渔场、乌贼渔场、马面鲀渔场，南海的北部湾拖网渔场，南沙、西沙、东沙的拖、钓渔场等。

海水养殖

海水养殖是利用浅海、滩涂、港湾等国土水域资源进行饲养和繁殖海产经济动植物的生产，是人类定向利用海洋生物资源、发展海洋水产业的重要途径之一。

养殖的对象主要是鱼类、虾蟹类、贝类和藻类等。海水养殖是水产业的重要组成部分。中国海水养殖历史悠久，早在汉代之前，就进行牡蛎养殖，宋代发明了养殖珍珠法。中华人民共和国成立后，中国海水养殖发展迅速，海带、贻贝和对虾等主要经济品种的发展尤为突出，带动了沿海经济的发展，成为沿海地区的支柱产业。按照国际统计标准计算，目前中国已经成为海水养殖第一大国。目前，中国海水养殖已经形成大规模生产的经济品种，鱼类有梭鱼、鲻鱼、尼罗罗非鱼、真鲷、黑鲷、石斑鱼、鲈鱼、牙鲆、河豚鱼等；虾类有中国对虾、斑节对虾、长毛对虾、墨吉对虾和日本对虾等；蟹类有锯缘青蟹、梭子蟹等；贝类有贻贝、扇贝、牡蛎、蚶、缢蛏、文蛤、杂色蛤仔和鲍鱼等；藻类有海带、紫菜、裙带菜、石花菜、江蓠和麒麟菜等。

海水养殖的优点是：集中发展某些经济价值较高的鱼类、虾类、贝类及棘皮动物（如刺参）等，生产周期较短，单位面积产量较高。按养殖对象分为鱼类、虾类、贝类、藻类和海珍品等海水养殖，其中，以贝、藻类海水养殖发展较快，虾、鱼类、海珍品养殖较薄弱。按空间分布分为海涂、港湾和浅海等海水养殖。按集约程度分为粗养（包括护养、管养）、半精养和精养，以粗养为主。

按养殖方式分为单养、混养和间养（如海带与贝类间养）等。中国海水养殖历史较悠久，如珍珠贝养殖最先始于中国，合浦、北海、东兴被誉为"珍珠故乡"，而湛江则被誉为"南珠的故乡"。世界海水养殖业目前基础较薄弱，但发展潜力大。如海涂、港湾、内海、浅海等均可发展人工放流、人工鱼礁、网箱等养殖。20世纪70年代以来，因传统近海渔业资源出现衰退，许多沿海国家相继宣布实施200海里经济区和专属渔区，促使海水养殖业发展较快，尤以日、美、挪等国为突出。中国近10年来海水养殖业有显著发展，截至2008年，海水养殖在海洋渔业产量中的比重，已由1986年的18%提高到27.4%。

海水养殖包括：

利用海水对鱼、虾、蟹、贝、珍珠、藻类等水生动植物的养殖；

水产养殖场对各种海水动物幼苗的繁殖；

紫菜和食用海藻的种植；

海洋滩涂的养殖。

水资源利用

对海水资源的开发利用，是解决沿海和西部苦咸水地区淡水危机和资源短缺问题的重要措施，是实现国民经济可持续发展战略的重要保证。

海水淡化，是开发新水源、解决沿海地区淡水资源紧缺的重要途径。

海水淡化，是从海水中获取淡水的技术和过程。海水淡化方法在20世纪30年代主要是采用多效蒸发法；20世纪50年代至80年代中期主要是多级闪蒸法（MSF），至今利用该方法淡化水量仍占相当大的比重；20世纪50年代中期的电渗析法（ED）、20世纪70年代的反渗透法（RO）和低温多效蒸发法（LT-MED）逐步发展起来，特别是反渗透法（RO）海水淡化已成为目前发展速度最快的技术。

据国际脱盐协会统计，截至2001年底，全世界海水淡化水日产量已达3250万立方米，解决了1亿多人口的供水问题。这些海水淡化水还可用作优质锅炉补水或优质生产工艺用水，可为沿海地区提供稳定可靠的淡水。国际海水淡化的售水价格已从20世纪60~70年代的每立方米2美元降到目前不足0.7美元的水平，接近或低于国际上一些城市的自来水价格。随着技术进步导致的成本进一步降低，海水淡化的经济合理性将更加明显，并作为可持续开发淡水资源的手段将引起国际社会越来越多的关注。

我国反渗透海水淡化技术研究历经"七五"、"八五"、"九五"攻关，在海水淡化与反渗透膜研制方面取得了很大进展。现已建成反渗透海水淡化项目13个，总产水能力日产近1万立方米。目前，我国正在实施万吨级反渗透海水淡化示范工程和海水膜组器产业化项目。

蒸馏法是海水淡化的一项主要技术，对蒸馏法的研究已有几十年的历史。天津大港电厂引进2台3000立方米/日多级闪蒸海水淡化装置，于1990年运转至今，积累了大量宝贵经验。低温多效蒸馏海水淡化技术经过"九五"科技攻关，作为"十五"国家重大科技攻关项目正在青岛建立3000吨/日的示范工程。

海水直接利用，是直接替代淡水、解决沿海地区淡水资源紧缺的重要措施。

海水直接利用技术，是以海水直接代替淡水作为工业用水和生活用水等相关技术的总称。包括海水冷却、海水脱硫、海水回注采油、海水冲厕和海水冲灰、洗涤、消防、制冰、印染等。

海水直流冷却技术已有近百年的发展历史，有关防腐和防海洋生物附着技术已基本成熟。我国海水冷却水用量每年不超过141亿立方米，而日本每年约为3000亿立方米，美国每年约为1000亿立方米，差距很大。

海水循环冷却技术始于20世纪70年代，在美国等国家已大规模应用，是海水冷却技术的主要发展方向之一。我国经过"八五"、"九五"科技攻关，完成了百吨级工业化试验，在海水缓蚀剂、阻垢分散剂、菌藻杀生剂和海水冷却塔等关键技术上取得重大突破。"十五"期间，通过实施国家重大科技攻关项目，正在建立千吨级和万吨级海水循环冷却示范工程。

海水脱硫技术于20世纪70年代开始出现，是利用天然海水脱除烟气中SO_2的一种湿式烟气脱硫方法。具有投资少、脱硫效率高、利用率高、运行费用低和环境友好等优点，可广泛应用于沿海电力、化工、重工等企业，环境和经济效益显著。拥有自主知识产权的海水脱硫产业化技术亟待开发。

海水冲厕技术20世纪50年代末期始于我国香港地区，形成了一套完整的处理系统和管理体系。"九五"期间，我国对大生活用海水（海水冲厕）的后处理技术进行了研究，有关示范工程列入了"十五"国家重大科技攻关技术，在青岛组织实施。

海水化学资源综合利用，是形成产业链、实现资源综合利用和社会可持续发展的体现。

海水化学资源综合利用技术，是从海水中提取各种化学元素（化学品）及其深加工技术。主要包括海水制盐、苦卤化工，提取钾、镁、溴、硝、锂、铀及其深加工等，现在已逐步向海洋精细化工方向发展。

我国经过"七五"、"八五"、"九五"科技攻关，在天然沸石法海水和卤水直接提取钾盐、制盐卤水提取系列镁肥、高效低毒农药二溴磷研制、含溴精细化工产品及无机功能材料硼酸镁晶须研制等技术已取得突破性进展。"十五"期间开展海水直接提取钾盐产业化技术、气态膜法海水卤水提取溴素及有关深加工技术的研究与开发。

利用海水淡化、海水冷却排放的浓缩海水，开展海水化学资源综合利用，形成海水淡化、海水冷却和海水化学资源综合利用产业链，是实现资源综合利用和社会可持续发展的根本体现。

能源开发

因月球引力的变化引起潮汐现象，潮汐导致海水平面周期性地升降，因海水涨落及潮水流动所产生的能量成为潮汐能。潮汐能是以势能形态出现的海洋能，是指海水潮涨和潮落形成的水的势能与动能。

　　海洋的潮汐中蕴藏着巨大的能量。在涨潮的过程中，汹涌而来的海水具有很大的动能，而随着海水水位的升高，就把海水的巨大动能转化为势能；在落潮的过程中，海水奔腾而去，水位逐渐降低，势能又转化为动能。潮汐能的能量与潮量和潮差成正比。或者说，与潮差的平方和水库的面积成正比。和水利发电相比，潮汐能的能量密度低，相当于微水头发电的水平。世界上潮差的较大值为 13～15 米，但一般说来，平均潮差在 3 米以上就有实际应用价值。潮汐能是因地而异的，不同的地区常常有不同的潮汐系统，它们都是从深海潮波获取能量，但具有各自独特的特征。景观很复杂，但对于任何地方的潮汐都可以进行准确预报。

　　潮汐能的利用方式主要是发电。潮汐发电是利用海湾、河口等有利地形，建筑水堤，形成水库，以便于大量蓄积海水，并在坝中或坝旁建造水利发电厂房，通过水轮发电机组进行发电。只有出现大潮，能量集中时，并且在地理条件适于建造潮汐电站的地方，从潮汐中提取能量才有可能。虽然这样的场所并不是到处都有，但世界各国都已选定了相当数量的适宜开发潮汐电站的站址。

　　发展像潮汐能这样的新能源，可以间接使大气中的二氧化碳含量的增加速度减慢。潮汐是一种世界性的海平面周期性变化的现象，由于受月亮和太阳这两个万有引力源的作用，海平面每昼夜有 2 次涨落。潮汐作为一种自然现象，为人类的航海、捕捞和晒盐提供了方便，更值得指出的是，它还可以转变成电能，给人类带来光明和动力。

　　海水温差能是指涵养表层海水和深层海水之间水温差的热能，是海洋能的一种重要形式。海洋的表面把太阳的辐射能大部分转化为热

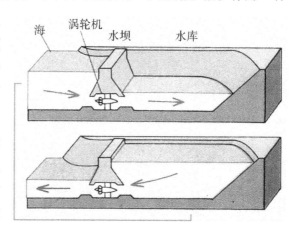

潮汐发电原理图

水并储存在海洋的上层。另一方面，接近冰点的海水大面积地在不到1000米的深度从极地缓慢地流向赤道。这样，就在许多热带或亚热带海域终年形成20℃以上的垂直海水温差。利用这一温差可以实现热力循环并发电。

温差发电的基本原理就是借助一种工作介质，使表层海水中的热能向深层冷水中转移，从而做功发电。海洋温差能发电主要采用开式和闭式两种循环系统。

波浪能发电是通过波浪能装置将波浪能首先转换为机械能（液压能），然后再转换成电能。这一技术兴起于20世纪80年代初，西方海洋大国利用新技术优势纷纷展开实验。

波浪能具有能量密度高、分布面广等优点。它是一种取之不竭的可再生清洁能源。尤其是在能源消耗较大的冬季，可以利用的波浪能能量也最大。小功率的波浪能发电，已在导航浮标、灯塔等获得推广应用。我国有广阔的海洋资源，波浪能的理论存储量为7000万千瓦左右，沿海波浪能能流密度为2～7千瓦/米。在能流密度高的地方，每1米海岸线外波浪的能流就足以为20个家庭提供照明。

认识海洋污染

什么是海洋污染

海洋污染通常是指人类改变了海洋的原来状态，使海洋生态系统遭到破坏，有害物质进入海洋环境而造成的损害。

海洋面积辽阔，储水量巨大，因而长期以来是地球上最稳定的生态系统。由陆地流入海洋的各种物质被海洋接纳，而海洋本身却没有发生显著的变化。然而近几十年，随着世界工业的发展，海洋的污染日趋严重，使局部海域环境发生很大变化，并有继续扩展的趋势。

引起海洋污染的原因主要有：油船泄漏、倾倒工业废料和生活垃圾、生活污水直接排进海洋。

海洋污染给人类和海洋带来许多危害，它使海洋食品中聚积毒素，人食用后会得病；使海产减少，危及人类的食物源；使浮游生物死亡，海洋吸收二氧化碳能力减低，加速温室效应；使海洋生物死亡或发生畸形，改变整个海洋的生态平衡。

人类为保护海洋正在做出种种不懈的努力，包括禁止向海洋倾倒工业废料和生活垃圾，生活污水处理之后再排放入海等。

海洋污染有哪些特点

由于海洋的特殊性，海洋污染与大气、陆地污染有很多不同，其突出的特点有：①污染源广。不仅人类在海洋的活动可以污染海洋，而且人类在陆地和其他活动方面所产生的污染物，也将通过江河径流、大气扩散和雨雪等降水形式，最终都将汇入海洋。②持续性强。海洋是地球上地势最低的区域，不可能像大气和江河那样，通过一次暴雨或一个汛期，使污染物转移或消除；一旦污染物进入海洋后，很难再转移出去，不能溶解和不易分解的物质在海洋中越积越多，往往通过生物的浓缩作用和食物链传递，对人类造成潜在威胁。③扩散范围广。全球海洋是相互连通的一个整体，一个海域污染了，往往会扩散到周边，甚至有的后期效应还会波及全球。④防治难、危害大。海洋污染有很长的积累过程，不易及时发现，一旦形成污染，需要长期治理才能消除影响，且治理费用大，造成的危害会影响到各方面，特别是对人体产生的毒害，更是难以彻底清除干净。

21

工农业生产造成的污染

废水污染

任何企业都需要水，并且随着企业规模、性质不同，对水量、水质和水温的要求也不一样。任何企业都要排污水、废水，由于所需原料、燃料和工艺流程不同所排放的废水造成的污染程度也不相同。

工业废水污染

随着我国的改革开放政策不断深入人心，市场经济的逐步完善，沿海居民对滩涂养殖利用面积正逐年扩大。从养鱼、养虾、养蟹，到养殖更有经济价值、更珍奇的水生动植物，这些养殖业的发展带动了水产市场的繁荣，丰富了人民群众的饮食生活，提高了饮食水平，增加了养殖户的经济收入，给一部分人创造了就业机会。可是，近几年来，我国沿海时常发生海水赤潮等海水变质现象。那是什么原因造成的呢？除气候因素外，再就是人为因素所造成的。除前面所述的两种原因以外，还有一种非常重要的原因，就是陆地工厂对海洋的污染。陆地工厂对海洋的污染主要表现在：①与海相通的河流两岸的造纸厂、化工厂等利用河道排放污水而流入海洋。②含有污染物质的工业垃圾、生活垃圾倾倒河岸或河道，随河水或涨落潮流入海洋。如，2001年天津海事法院受理的河北省乐亭县19家养殖户状告河北省迁安市书画纸业有限公司等五单位滩涂污染损害赔偿纠纷一案，就是典型的陆地工厂利用通海河道排污造成海洋污染的案例。本案 19 位原告都是在河北省乐亭县王滩镇小河子（滦河）入海口两岸对虾和滩涂贝类养殖区从事日本对虾和青蛤养殖。滦河位于河北省承德市和唐山市境内，从承德流经唐山地区的迁西、迁安、滦县、滦南、乐亭，于乐亭县姜各庄入海。滦河在滦县响蟾分流，进入乐亭中部的支流最终流入小河子，在王滩镇新海庄入海，在小河子入海口两岸有上万亩（1 亩≈666.67 平方米）虾池及滩涂贝类养殖区。2001 年 4 月下旬至 5 月中旬，因滦河上游排放污水造成在小河子入海口两岸部分渔业水域污染而引起养殖对虾和滩涂贝类死亡事故。事故造成小河子入海口两岸受污染水域的养殖面积共计 7056.15 亩，其中对虾养殖水面面积 6561.15 亩，滩涂贝类养殖面积 495 亩。5 月 30 日调查人员对小河子闸养殖区的对虾和滩涂贝类死亡现场进行调查，结果发现 67.96% 的青蛤死亡，日本对虾的平均死亡率为 51%。造成本次事故的原因系唐山市滦河沿岸工矿企业向滦河排放未经达标处理的污水。

2005 年河北省海域未达到清洁海域水质标准的面积约 1176 平方千米，其中，中度污染海域 111 平方千米，严重污染海域 97 平方千米，其余为轻度污染。重点排污口附近海域污染严重，在监测的 31 个入海排污口中，多数存在超标排放现象，大部分排海污水指标不符合海洋功能区的水质要求。海洋生物资源呈现不同程度的衰退趋势，鱼类洄游的产卵场和索饵场遭到一定程度的破坏，经济鱼类明显减少且出现小型化、幼龄化。近岸海域海洋生态系统处于亚健康状态，主要表现为生存环境丧失或改变、生物群落结构异常。

大量污染物超标超量入海，导致近年来河北省海域赤潮频发。2001 年以来发生赤潮 18 次，对海洋生态环境和养殖业造成了危害。

1. 工业废水海洋污染及其特点

由于海洋的特殊性，海洋污染与大气污染和陆地污染有很多不同，有其突出的特点：

（1）污染源广。除人类在海洋的活动外，人类在陆地和其他活动方面所产生的各种污染物，也将通过江河径流入海或通过大气扩散和雨雪等降水过程，最终都将汇入海洋。人类的海洋活动主要是航海、捕鱼和海底石油开发，目前全世界各国有近 8 万艘远洋商船穿梭于全球各港口，总吨位达 5 亿吨，它们在航行期间都要向海洋排出含有油性的机舱污水，仅这项估计向海洋排放的油污染每年可达百万吨以上。通过江河径流入海含有各种污染物的污水量更是大得惊人。

（2）持续性强。海洋是地球上地势最低的区域，它不可能像大气和江河那样，通过一次暴雨或一个汛期使污染得以减轻，甚至消除。一旦污染物进入海洋后，很难再转移出去，不能溶解和不易分解的物质在海洋中越积越多，它们可以通过生物的浓缩作用和食物链传递，对人类造成潜在威胁。美国向海洋排放的工业废物占全球总量的 1/5，每年因水生物污染或人们误食有毒海产品造成的污染中毒事件达 1 万起以上。

（3）扩散范围广。全球海洋是相互连通的一个整体，一个海域出现的污染，往往会扩散到周边海域，甚至扩大到邻近大洋，有的后期效应还会波及全球。比如海洋遭受石油污染后，海面会被大面积的油膜所覆盖，阻碍了正常的海洋和大气间的交换，有可能影响全球或局部地区的气候异常。此外石油进入海洋，经过种种物理化学变化，最后形成黑色的沥青球，可以长期漂浮在海上，通过风浪流的扩散传播，在世界大洋一些非污染海域里也能发现这种漂浮的沥青球。

（4）防治难，危害大。海洋污染有很长的积累过程，不易及时发现，一旦形成污染，需要长期治理才能消除影响，且治理费用较大，造成的危害会波及各个方面，特别是对人体产生的毒害更是难以彻底清除干净。20 世纪 50 年代中期，震惊中外的日本水俣病，是直接由汞这种重金属对海洋环境污染造成的公害病，通过几十年的治理，直到现在也还没有完全消除其影响。"污染易、治理难"，它严肃告诫人们，保护海洋就是保护人类自己。

2. 海洋污染事例——水俣病

特点：

水俣病实际为有机水银中毒，分为有急性、亚急性、慢性、潜在性和

24

胎儿性。患者手足麻痹，甚至步行困难、运动障碍、失智、听力及言语障碍；重者例如痉挛、神经错乱，最后死亡。至今仍无有效的治疗法。

发病起 3 个月内约有 1/2 重症者死亡，怀孕妇女亦会将这种水银中毒遗传给胎中幼儿。

原因：

1932 年，新日本窒素肥料（窒素，即氮）于水俣工场生产氯乙烯与醋酸乙烯，其制作过程中需要使用含汞的催化剂。由于该工厂任意排放废水，这些含汞的剧毒物质流入近海，被水中生物所食用，并转成甲基汞氯（化学式 CH_3HgCl）等有机汞化合物。

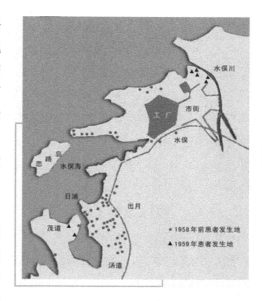

水俣病发生地区

发现经过：

1950 年，有大量的海鱼成群在水俣湾海面游动，任人网捕，海面上常见死鱼、海鸟尸体，水俣市的渔获量开始锐减。1952 年，水俣当地许多猫只出现不寻常现象，走路颠颠跌跌，甚至发足狂奔，当地居民称"跳舞病"，1953 年 1 月有猫发疯跳海自杀，但当时尚未引起注意，1 年内投海自杀的猫总数达 5 万多只。接着，狗、猪也发生了类似的发疯情形。1956 年 4 月 21 日，人类亦被确认发生同样的症例，来自入江村的小女孩田中静子成为第一位患病者，被送至窒素公司（Chisso Minamata Chemical Company）附属医院，病况急速恶化，1 个月后双眼失明，全身性痉挛，不久死亡。死者 2 岁的妹妹也罹患相同的病症，不久又发现许多村民都有问题。这些人开始只是口齿不清，走路不稳，最后高声大叫而死。窒素公司附属医院的医生细川认为事态严重，向官方提出正式报告。当中的患者多为渔民家庭出身，1956 年 8 月日本学者发现水俣湾海水中有污染物质，研究人员侦察的矛头指向窒素公司。这种怪病被称为"水俣奇病"。此事造成水俣近海鱼贝类市场价值一落千丈，水俣居民由于陷入贫困，反而大量食用有毒的鱼贝，使灾情扩大。该镇有4万居民，先后有1万人不同程度地患有此种病。1957年8月水俣病患者家庭互助会成立。

1959年，熊本大学医学部水俣病研究班发表研究报告，指出水俣病原因为当地窒素工场所排出有机水银，1932~1966年有数百吨的汞被排入水俣湾。1959年底，渔民开始向窒素公司进行示威抗议。1960年正式将"甲基汞中毒"所引起的工业公害病，定名为"水俣病"。然而，新日本窒素肥料立即否认此说，窒素公司认为：它只用金属汞，不用甲基汞，因此，不可能是水俣病的来源。工厂不但没有停止排放污水，还企图掩盖真相，阻挠相关的调查研究，甚至买通打手，以暴力吓阻。美国摄影师尤金·史密斯被日本窒素公司所雇的暴民打成残废。工厂对事件处理相当消极。日本政府于1968年左右才确认两者之间的关系，但这样的迟误已造成灾害扩大。

1966年新潟又爆发水俣病，史称"第二水俣病"，这次的祸首昭和电工仍企图逃避责任，但新潟市民对昭和公司不负责任的态度极为不满，展开激烈的示威抗争。1967年新潟市民正式向法院提出控诉。缠讼数年之后，1971年法院终于做成判决，昭和公司败诉，要负赔偿责任，新潟的受害者又主动与水俣市的苦主联手向法院控告窒素公司。1973年，法院判决窒素公司必须立即付出相当于3200万美元的赔偿金，被确认为水俣病的患者，可从政府及新日本窒素肥料取得相关医疗费用。两年内窒素公司一共赔出了8000万美元。由于病情认定是由政府处理，也产生是否涉入政治的疑问及批判。

1997年10月，由官方所认定的受害者高达12615人，当中有1246人已死亡。

水俣病发生区域：

1956年，日本熊本县水俣市周边（八代海沿岸）；

1964年，日本新潟县阿贺野川流域以外——河流上流的乙醛工场排出未经处理含有有机汞化物的废水引起；

20世纪80年代，中国黑龙江省松花江——中石油吉林石化公司污染了河流，导致大范围的渔民水银中毒；

20 世纪 90 年代，南美洲亚马孙河造成大片水银污染，经查为当地金矿山开采时所流出的有机水银所致。

3. 海洋污染事例——骨痛病

在 20 世纪初的 1910 年，日本富山县一带发现了一种病因不明的奇怪的地方病。患者大多是些老年妇女。其症状是：全身疼痛难忍，经常因无法忍受而"哎哟——哎哟"地喊叫；大腿痉挛，走起路来左右摇摆；骨胳老化或畸形，甚至轻微的碰撞也会引起骨折。当地居民称这种可怕的顽症为"哎唷病"，即骨痛病。这种病就是由海洋镉污染而引起的又一"公害病"。骨痛病是因慢性镉中毒引起的。长期食用被镉严重污染的海鲜，是产生骨痛病的原因之一。

海洋中镉的来源不同，有的是炼锌厂在冶炼过程中，排放出大量的含镉烟尘随风飘到海洋上空，然后沉降到海中；有的是把含镉矿渣或废矿浆倾弃入海，而海洋生物就将镉吸入到它们的体内。研究发现，鱼、贝类及海洋哺乳动物的内脏中镉的含量比较高，特别是海洋软体动物的肝脏含镉量更高。

在日本发现这种病的地区均是在沿海和河流中下游居住的人。但因当时病因不明，医学界长期争论不休。有的认为是一种营养不良而引起的疾病，但给患者服药后，病情并未好转，而是一个接一个地死去。1961 年，日本成立了"奇怪地方性疾病控制委员会"和"骨痛病研究委员会"，专门研究这种怪病及其控制措施，一直研究了七八年，才正式查明这种病是由镉中毒引起的，并且弄清了食用被镉污染的水、食物和海产品是造成骨痛病的主要原因。

现在，世界上有不少的地区镉污染非常严重。如英国每年向泰晤士河中倾弃的废矿浆中镉的含量就高达 30～70 毫克/千克。

农药污染

农药污染也是沿海污染的重要来源，含汞、铜等重金属的农药和有机

27

磷农药、有机氯农药等，毒性都很强。它们经雨水的冲刷、河流及大气的搬运最终进入海洋，能抑制海藻的光合作用，使鱼、贝类的繁殖力衰退，降低海洋生产力，导致海洋生态失调；还能通过鱼、贝类等海产品进入人体，危害人类健康。

农药及其降解产物（如 DDT 的降解产物 DDD、DDE）在海洋环境中造成的污染，其危害程度按其数量、毒性及化学稳定性有很大的差异。

污染海洋的农药可分为无机和有机两类，前者包括无机汞、无机砷、无机铅等重金属农药，其污染性质相似于重金属；后者包括有机氯、有机磷和有机氮等农药。有机磷和有机氮农药因其化学性质不稳定，易在海洋环境中分解，仅在河口等局部水域造成短期污染。从 20 世纪 40 年代开始使用的有机氯农药（主要是 DDT 和六六六），是污染海洋的主要农药。据美国科学院 1971 年的估计，每年进入海洋环境的 DDT 达 2.4 万吨，该值为当时世界 DDT 年产量的 1/4。

工业上广泛应用于绝缘油、热载体、润滑油以及多种工业产品添加剂的多氯联苯（PCB）和有机氯农药一样，都是人工合成的长效有机氯化合物（按其化学结构可统称为卤代烃或氯化烃）。由于它们在化学结构、化学性质方面有许多近似处，所以它们对海洋环境的污染通常放在一起研究。20世纪 60 年代末，各国认识到 PCB 对环境的危害，纷纷停止或降低 PCB 的生产和应用。

有机氯农药和 PCB 主要通过大气转移、雨雪沉降和江河径流等携带进入海洋环境，其中大气输送是主要途径，因此即使在远离使用地区的雨水中，也有有机氯农药和 PCB 的踪迹。如南极的冰雪、土壤、湖泊和企鹅体内都检出过残留的有机氯农药和 PCB。进入海洋环境的有机氯农药，特别容易聚积在海洋表面的微表层内。据苏联国立海洋研究所 1976 年在北大西洋东北部的观测，DDT 及其降解物 DDD 在微表层的含量为 90 纳克/升，而水下的含量为 5 纳克/升。据美国对大西洋东部的测定，在表层水中 PCB 的含量比 DDT 含量高 20 ~ 30 倍。海洋微表层中的 DDT 受到光化学作用发生降解，其速度受阳光、湿度、温度等环境条件的制约。在热带气候条件下，降解速率一般较高。沉积于海洋沉积物中的 PCB 和 DDT 在微生物作用下会发生降解作用，但速率相当缓慢。人们认为，PCB 的稳定性比 DDT 高。DDT 的降解中间产物 DDE 比 DDT 挥发性高，持久性也更长，对环境的危害更大。沉降到沉积物中的 DDT 和 PCB 会缓慢地释放入水体，造成水体的持续污染。

DDT 和 PCB 进入生物体内主要是通过生物对它们的吸附和吸收，以及摄食含有 DDT 的饵料生物或碎屑物质。动物体中 DDT 的残留量反映了吸收与代谢间的动态平衡。不同种生物对 DDT 积累和代谢各不相同，牡蛎和蛤仔等软体动物对 DDT 的富集因子（富集因子是生物体中的浓度除以环境介质中的浓度值）可达 2000 微克/升，而甲壳类和鱼类的富集因子则为 10 微克/升。

海水中 DDT 浓度一般低于 1 微克/升，近岸水体高于大洋水体。近岸海域鱼体中的 DDT 浓度高于外海同类鱼类，达 0.01 ~ 10 毫克/千克（湿重）。鱼类不同器官中 DDT 残留量的浓度各不相同，其中以脂肪中的含量最高。摄食鱼类的海鸟 DDT 残留量最高，摄食淡水及河口区鱼类的鸟类，DDT 残留量高于摄食大洋鱼类的鸟类。

PCB 对生物的毒害作用与其异构体的氯原子数有关。氯原子越少，毒性越大，在食物链中的蓄积程度越高。PCB 对虹鳟的 10 天致死浓度是 38 ~ 326 微克/升，20 天的半致死浓度为 6.4 ~ 49 微克/升。无脊椎动物对于 PCB 要比鱼类敏感，幼体比成体敏感。PCB 对生物的危害作用包括致死、阻碍生长、损害生殖能力和导致鱼类甲状腺功能亢进和对外界环境变化及疾病抵抗力的下降等。PCB 会导致哺乳动物性功能紊乱，波罗的海和瓦登海海豹的繁殖失败同其体内高浓度 PCB 直接相关。

PCB 在生物体中的积累与其脂溶性和对酶降解的抗力成正比，而与其水溶性成反比。生物体对 PCB 的主要代谢过程是羟基化，即将 PCB 转化为水溶状的酚类化合物后排出体外。羟基化速率取决于酶（肝微粒体混合功能氧化酶）的活性。鱼体中这种酶的数量大大低于哺乳动物，并随 PCB 的氯化作用的提高而降低。

DDT 及其代谢产物对海洋生物有明显的影响。比如，干扰海鸟的钙代谢使蛋壳变薄，降低孵化率；0.1ppb 浓度的 DDT 就会抑制某些海洋单细胞藻类的光合作用；0.2ppb 浓度的 DDT 即能杀死某些种类的浮游动物或幼鱼。

1. 污染影响海蜇生产

过去海蜇是一种普普通通的海产品。我国沿海很多地方，比如浙江沿海都盛产海蜇。过去穷苦的沿海渔民，在家里实在揭不开锅时，即以海蜇充饥。

不知从何时起，平平常常的海蜇，摇身一变浑身矜贵起来，成了高档次宴席的"山珍海味"、"盘中佳肴"了。现在市面上人们更多见

海　蜇

到的是人工海蜇，这些所谓的"海蜇"，无论从外观还是口味上，与真海蜇相差很远。只要看一眼，尝一口，真假便知。正因如此，许许多多普通人便与海蜇无缘相见，难品其味了。慢慢地，许多人发问"海蜇是什么味儿的"这样的话，恐怕不会是笑话。

那么到底什么原因导致海蜇远离人们的餐桌了呢？答案就一个，海水被污染！

随着沿海工农业的发展，特别近年农药的大量使用，致使大量的废水通过不同的途径，直接或间接流入大海。其中有许多未经处理的有毒物质，使海洋沿岸污染在有些地方日趋严重。在有些海域，海水的自净能力几乎丧失殆尽，赤潮发生频繁，出现了海水富营养现象，由于缺氧，鱼类大量死亡。

2. 污染影响鲟鱼生存

鲟鱼，背部黄灰色，口小而尖，背部和腹部有大片硬鳞。俄罗斯里海

北部海域曾是世界上鲟鱼的主要产地，但是近年由于环境问题，这里的鲟鱼逐年减少，几近灭绝。鲟鱼，缘何诀别俄罗斯？

里海北部是自然资源十分丰富的地区，尤其鱼类中有经济价值的鱼种更为丰富。近100年以来，由于里海周围工业的发展，环境污染问题十分突出，鱼产量逐年下降。据统计，每年有7000吨磷、13.3万吨矿氮顺水流入，这些废料主要来自农业

鲟　鱼

和工业及生活用水。尤其近10年来，在伏尔加河口外一种叫水胡莲的生物生长极快，30%的水面被这种水生植物覆盖，从而引来大量的泳禽、半泳禽类，有些季节性的天鹅数量达到20多万只，使生态环境逐步恶化。

里海北部兴建的大型石油天然气加工厂和再加工企业，由于违反法规进行作业，所造成的自然环境污染十分严重。另外，从1978年开始，海平面已上升了1.5米，海水淹没了周围油田，石油产品污染了广大水域，破坏了水域内植物生长，使鲟鱼饲料严重缺乏，上述问题都造成里海这一世界最主要的鲟鱼生息之地的鲟鱼大量死亡。

为了改变这一状况，俄罗斯的科学家提出建议，人们在里海周围开采矿藏、扩建工厂、建立水坝时必须遵守自然保护法，注意环境问题；在伏尔加河下游恢复原来的自然面貌，只有在符合生态条件下才能允许建造伏尔加河和其他河流的水利枢纽，建造伏尔加河—乔格拉、伏尔加河顿河运河工程必须尽量避免生态危害；有关建设新的大型水利工程必须在公众的监督下，必须在自然保护方面进行合作。

另外，地方当局采取的一些缓解措施也取得了一定的成果。比如，在伏尔加河三角洲上游建造了专门的水利设施——分洪闸，它实际上是一种把伏尔加河上游分割成两部分的拦河坝。当伏尔加河水量不足，影响到里海周围海域鲟鱼产卵时进行人工供水，也取得了一些效果。

31

采挖矿产污染

海洋矿产资源

海洋矿产资源包括海滨、浅海、深海、大洋盆地和洋中脊底部的各类矿产资源。

按矿床成因和状况分为：

（1）砂矿。主要来源于陆上的岩矿碎屑，经河流、海水（包括海流与潮汐）、冰川和风的搬运与分选，最后在海滨或陆架区的最宜地段沉积富集而成。如沙金、沙铂、金刚石、沙锡与沙铁矿，以及钛铁石与锆石、金红石与独居石等共生复合型砂矿。

海绿石

（2）海底自生矿产。由化学、生物和热液作用等在海洋内生成的自然矿物，可直接形成或经过富集后形成。如磷灰石、海绿石、重晶石、海底锰结核及海底多金属热液矿（以锌、铜为主）。

（3）海底固结岩中的矿产。大多属于陆上矿床向海下的延伸，如海底油气资源、硫矿及煤等。

在海洋矿产资源中，以海底油气资源、海底锰结核及海滨复合型砂矿经济意义最大。深海锰结核以锰和铁的氧化物及氢氧化物为主要组分，富含锰、铜、镍、钴等多种元素。据估计，世界大洋海底锰结核的总储量达 30000 亿吨，仅太平洋就有 17000 亿吨，其中含锰 4000 亿吨、镍 164 亿吨、铜 88 亿吨、钴 58 亿吨。主要分布于太平洋，其次是大西洋和印度洋水深超过 3000 米的深海底部。以太平洋中部北纬 6°30′~20°、西经 110°~180°海区最为富集。估计该地区约有 600 万平方千米富集高品位锰结核，其覆盖率有时高达 90% 以上。世界 96% 的锆石和 90% 的金红石产自海滨砂矿。复合型砂矿多分布于澳大利亚、印度、斯里兰卡、巴西及美国沿岸。金刚石砂矿主要产于非洲南部纳米比亚、南非和安哥拉沿岸；沙锡矿主要分布于缅甸经泰国、马来西亚至印度尼西亚的沿岸海域。

我国海洋矿业属于新兴产业，发展速度很快，发展前景广阔，也日益受到我国政府和社会各界的广泛关注。然而，目前我国海洋矿业还存在总体粗放型开发、无序开发与环境污染等问题。

我国海洋矿产资源开发长期处于粗放式的开发状态，经历了从没有充分开发到部分资源开发的过渡，从单一资源开发向综合开发的过渡，海洋环境从污染较少到污染逐渐加剧的过程。随着海洋开发的不断深入，长期的"无度、无序、无偿"用海，严重制约了海洋矿产资源的可持续利用。以滨海砂矿为例，在我国海滨砂矿开发中，一直延续着无偿使用制度，由此造成的破坏和浪费是普遍的。目前开采海洋砂矿的作业者既有国家，也有集体和个人。在开采生产中，普遍存在着采富弃贫现象，加之技术水平不高，只能采选其中的某一种或某几种矿物，其他的有用矿物多被废弃，因为砂矿床多是多种砂矿种的集合体，如果只能选采其中的一种，其他有用矿种就被破坏了。这种浪费资源、破坏资源的情况，在我国南方沿海砂矿分布区都是大量发生的。

此外，由于海洋矿产资源开发所引起的环境问题也日益严重。在海南岛砂矿开采中，个体或集体的砂矿作业者，由于乱挖乱堆海沙，把平整的海岸带搞得坑坑洼洼，不仅自然的景观被破坏了，而且引起了沙灾。被松动的海沙，在风的吹动下，向附近的耕地推移，掩埋了良田。在海洋石油开采活动中，石油的自然渗出、偶然发生的井喷、油污排泄等，也可能造成油溢。清理石油污染的化学物质还可能造成二次污染。

无序采矿的危害

2006 年 12 月 5 日，广州召开南海区海域使用海沙开采管理工作会议，会上一个非常重要的议题就是，南海区海域存在严重的乱采乱挖海沙现象。

据国家海洋局南海分局提供的材料指出，许多沿海地区没有按照国土资源部《关于加强海沙开采管理的通知》和国家海洋局《海沙开采使用海域论证管理暂行办法》及有关法律法规执行。有的地方在海港附近海域采矿挖沙，结果改变了水动力环境，导致了港口的淤积；有的海湾未能及时管理，致使陆地污染物不合理排放，造成污染增加，损害了海洋的生态环境；有的沿岸各涉海产业争相乱挖乱采、抢用海域，交通、水产部门用海交叉重叠，养殖占用锚地和航道；有的地方甚至将沿海海滩、海域视为集体所有，擅自转让、出租；等等。

有专家介绍，海沙的无序无度开采主要危害是造成海滩后退、海岸侵蚀、海水倒灌，严重危及沿岸地区的耕地和淡水资源、滨海旅游资源和港口资源，降低沿海的抗风能力，破坏海底沉积和生态环境，同时还可能导致海洋生物因生存环境的改变而引起的迁徙和大量死亡。

34

1. 海沙开采威胁环境

2008年4月，汕尾市捷胜镇三个滨海村庄的数千村民在短短几年里，眼睁睁看数十千米海岸线上失去了上百米宽的海滩，一个防御台风、海潮的天然屏障，正在悄然快速地消失。

十多年盗采的"恶果"已触目惊心：沙滩以20米/年的速度消失，近岸千亩防护林毁坏近半，每年百万吨海沙被盗采。盗沙祸及的，还有被海滩退缩"吃"掉的建筑设施和公路、成批死亡的鲍鱼、咸潮淹没的良田、严重破坏的海洋生态、地形地貌和水文。

海滩退缩百余米

汕尾市捷胜镇海域，许多船舶车辆非法盗采、盗挖海沙，十多年来屡禁不止，抽沙船从下午到翌日上午通宵采沙，每晚往返码头卸沙四五次，这些沙船均为"三无"（无舷号、无标志、无采挖许可证）船只，排水量在1000吨左右，平时停泊在汕尾港，盗采的海沙也运至汕尾港卸载，由两三个大型沙场囤积销售。

捷胜是当地一座古镇，2001年，广东省政府批准在此建立了65平方千米的保护区，要求当地政府和群众保持保护区内地形地貌，任何单位和个人不得在保护区内私自开发。该保护区负责人告诉记者，近几年海沙盗采愈演愈烈，"刚来时，这里还有大片的开阔海滩，现在几乎消失殆尽，海岸沿线也已面目全非"。保护区旁的牛肚、东坑、沙坑，是最滨海的三个村庄，受盗沙之害也最深。村民介绍"海上采，陆上挖，这些年几乎没停过"，陆上盗挖主要在沿海防护林一线地域，海上主要分布在保护区及其周边海域。2007年开始，非法采沙变本加厉，海陆轮番盗采。

在保护区有一座四层办公楼旁，该楼2004年前建成时，距海水也有150米的沙滩，到2008年已不足20米，楼房墙角前年被海浪淘空，保护区请来专家现场勘察后，修了段护楼基的防浪堤。"这不过是权宜之计"，防浪堤曾被海浪冲毁，多次出现重大险情，按目前的退缩速

盗沙船

度，一旦该区域遭受到台风袭击，楼及周边建筑将直接受到海潮威胁，如果遭遇台风正面袭击，保护区的工作、生活区有被冲毁的危险。

盗采造成的大量海沙流失，已使保护区周边约15千米海岸线原有地形地貌受到严重破坏。2005～2008年，保护区近岸沙滩以平均约20米/年的速度退缩，区内沙角尾7千米沿岸沙滩年均退缩约50米，个别地段超过80米，多数地段形成"断壁式"的陡坡。

在保护区海边两三米高的陡坡随处可见，据称这些都是海滩退缩后被海水冲刷塌陷的。保护区曾多次组织向内陆搬迁后移，但仍有许多滩头设施装备、建筑物被海浪冲毁或掩埋，"原来岸边有两条往来道路，也被冲得没影了"。

捷胜镇海边居民以农、渔和养殖业为主，多年来，天然海滩一直是防御海潮、台风来袭的天然屏障。2006年台风"珍珠"登陆时，因屏障消失，海潮冲进沙坑村，淹了数百亩水田，致使颗粒无收。一旦遇到强台风正面登陆，海水倒灌，后果不堪设想。

海洋专家分析，如此盗采海沙资源，破坏了海底沉积层和海底生态系统，使海水中的悬浮物质大量增加，会导致海洋生物大量死亡。海岸线附近的大量盗采，造成沙滩后退，海岸侵蚀，海水倒灌，严重破坏了沿岸地区的耕地、淡水资源和港口资源，降低了堤岸的抗风浪能力，直接威胁到滨海居民的生产和生活。

用这些海沙建筑的楼房使用寿命只有5～10年，有关专家称，海沙内含有氯离子，能与钢筋混凝土中的钢筋起化学反应，严重腐蚀钢筋，导致建筑物结构的破坏，使建筑物的使用寿命大大降低，严重威胁到楼房内居民的安全。

随着海洋经济的快速发展，国内外砂矿市场的需求上升，海沙资源大省福建近年来非法开采海沙活动日益猖獗。无度、无序、无偿的采沙活动严重破坏了海洋资源与环境。

国家海洋局第三海洋研究所对福建兴化湾、湄洲湾、平海湾的海沙资源和海沙开采影响的监测和调查结果显示，非法海沙开采活动已经造成该海域海沙资源量严重减少，海底地貌和水动力严重改变，并造成海岸坍塌、退缩、下陷及原生海洋生物物种的变化。

由于长期非法开采海沙，泉州湾海域的鱼类洄游路线、水质已受到严重破坏。以前可见的白海豚现在因洄游路线的破坏而难觅踪迹；另外，当地渔民用于养殖牡蛎的石柱也因为海沙的挖取而根基松动导致坍塌，渔民损失惨重。

2. 海沙盗采危及海堤

2005年11月，在江苏省连云港市连云区烧香河北闸附近的海岸边，大批的海沙被偷挖盗采。细腻、金黄的海沙遭受掠夺性开采令人触目惊心。

走进连云区烧香河北闸西侧的海岸边，首先映入眼帘的是海沙被猖獗盗采后留下的痕迹。挖采后的一些坑里的海沙已经不翼而飞，只留下一些拆断的芦苇和石块。

盗采痕迹

过去这一带的海岸边海沙十分丰富，成为当地海岸边的一道风景。但是由于经

盗采现场

常有人盗采，致使海沙大量流失，生态环境受到严重破坏。据了解，从海堤向东南的一些地方，也经常出现盗采海沙现象。如果在海堤附近过度盗采海沙，有可能导致海堤崩塌、下陷、根基不稳等危险迹象，给海堤造成险情。

海洋热污染

海洋热污染概述

海洋热污染是水温异常升高的一种污染现象。天然水水温随季节、天气和气温而变化。当水温超过 33℃～35℃ 时，大多数水生物不能生存。水体急剧升温，常是热污染引起的。

水体热污染主要来自工业冷却水。首先是动力工业，其次是冶金、化工、造纸、纺织和机械制造等工业，将热水排入水体，使水温上升，水质恶化。根据美国统计，动力工业冷却水排放量占全国工业的冷却水总排放量的80%以上。一个装机100万千瓦的火电厂，冷却水排放量为30~50立方米/秒；装机相同的核电站，排水量较火电厂约增加50%。年产30万吨的合成氨厂，每小时约排出22000立方米的冷却水。

水体增温显著地改变了水生物的习性、活动规律和代谢强度，从而影响到水生物的分布和生长繁殖。增温幅度过大和升温过快，对水生物有致命的危险。

水体增温加速了水生态系统的演替或破坏。硅藻在20℃的水中为优势种；水温32℃时，绿藻为优势种；37℃时，只有蓝藻才能生长。鱼类种群也有类似变化。对狭温性鱼类来说，在10℃~15℃时，冷水性鱼类为优势种群；超过20℃时，温水性鱼类为优势种群；当水温为25℃~30℃时，热水性鱼类为优势种群；水温超过33℃~35℃时，绝大多数鱼类不能生存。水生物种群之间的演替，以食物链（网）相联结，升温促使某些生物提前或推迟发育，导致以此为食的其他种生物因得不到充足食料而死亡。食物链中断可能使生态系统组成发生变化，甚至破坏。

水体升温加速了水及底泥中有机物的生物降解和营养元素的循环，藻类因而过度生长繁殖，导致水体富营养化；有机物降解又加速了水中溶解氧的消耗。

某些有毒物质的毒性随水温上升而加强。例如，水温升高10℃，氰化物毒性就增强1倍；而生物对毒物的抗性，则随水温的上升而下降。

水体热污染区域可分为强增温带、适度增温带和弱增温带。热污染的有害效应一般局限在强增温带，对其他两带的不利影响较小，有时还产生有利效应。热污染对水体影响程度取决于热排放工业类型、排放量、受纳水体特点、季节和气象条件等。

各国对水热污染及其影响进行了多方面的研究，并制定了冷却水温度的排放标准。美国、俄罗斯等国按不同季节和水域，制定了冷却水温度的排放标准；德国以不同河流的最高允许增温幅度为依据，制定了冷却水温度排放标准；瑞士则以排热口与混合后的增温界限为最高允许值，确定排放标准。中国和其他一些国家尚未制定有关标准。

热污染对鱼类的影响

人类是温血动物，对于外界温度变化有良好的适应能力，而生活在水中的生物大多属于冷血动物，对于水温的改变非常敏感，忍受热污染的能力也非常有限。鱼类不断地洄游，一方面是为了觅食，另一方面也是为了寻求适温的环境。例如每年夏季，小管鱼类常洄游到台湾北部沿海；每年冬季，乌鱼常成群在台湾西岸沿海出现。这些都是鱼类寻求适温环境的行为。也就是因为水中生物对水温变化比较敏感，因此热污染在水中比在陆地上更容易造成生态环境的改变。

热污染提高水温对鱼类的影响说明如下：

（1）加快鱼类的新陈代谢率。

一般而言，水温每增加10℃，鱼的新陈代谢率就加倍，例如，25℃时新陈代谢率为15℃时的2倍，35℃时则增至4倍。水温增加会使水中的溶氧量减少，而鱼类却因新陈代谢加快而需要更多的氧。因此水温增加到某一限度，鱼类便会死亡。每一种鱼的致命温度并不相同，例如北美洲一种褐色鳟鱼的致命水温为26℃，而小龙虾则可以忍受水温升至35℃才死亡。

（2）可能使鱼类停止繁殖。

鱼类都是在一小范围的适温环境产卵，水温增高，鱼类排卵的数目往往就会减少，有时甚至无法排卵。而且，水温增高也会影响卵的正常发育。比如说，一种大西洋的鲑鱼受精卵，在2℃的温度中需经114天的孵化，小鱼才出来；水温提高到7℃，孵化期就缩短为90天，太早孵出的未必是健康的小鱼。鱼的成长也会受到影响，水温再提高，受精卵甚至都无法孵化了。因此，在一个比较封闭的水体中，例如小湖或小溪，水温提高到某一限度，虽然没使成鱼立刻死亡，但可能使某些鱼终将绝迹。

（3）会减短鱼的寿命。

由于水温增高会缩短卵的孵化时间以及加速鱼的新陈代谢率，因此很容易推想鱼的寿命也会减短。例如北美洲一种淡水水蚤在8℃的水温中可活108天，但在28℃的水中只能活29天。鱼的寿命减短了，当然，就长不到它应有的长度与重量。

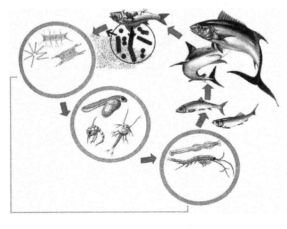

食物链

（4）可能破坏食物链。

所谓食物链就是：大鱼吃小鱼、青蛙；小鱼、青蛙则以蚊虫、小虾等为食；蚊虫、小虾等则以水草、藻类等为食。上述四类生物死亡后氧化分解产生营养盐分，又可作为水草、藻类等的养料。如果热污染的结果造成其中一类生物的死亡，也可能使得以其为食的生物死亡，依此类推，这个生态系统就可能因此而受到破坏。

提高水温对其他水中生物的影响度，也与鱼类的相差不多。然而鱼类会游泳，如果海洋受到热污染，鱼类尚能避开受污染的地方，伤害会减少一些。但附着在海底的生物，例如珊瑚等，那就难逃一劫了。

核能电厂与热污染

核能电厂利用核子反应产生热能发电时，不可能使热能百分之百转换为电力。多余的废热需要利用大量冷水带走，发电机才能运转。比如我国台湾地区四周环海，海水很容易取得，因此台湾的核能电厂都是建在海边，利用海水冷却，使用过后的海水水温提高了，又被排回海洋。

一般而言，排放温水有2种方式：①建一条排放管到离岸稍远处，在中层排放，以避免伤害到海底生物。由于高温的海水较轻，排放后往上浮而渐与上层海水混合，等至浮到海面，水温已降低许多，对海洋生态的影响便可降低。利用这种方式排放温水比较好，但所花的成本也较高。②在海边直接排放于海面，用这种方式省钱，但对海洋生态的影响也较大。到目前为止，台湾现有的三座核能电厂都是用第二种方式，在海边把温水排放于海面。

到 2008 年为止，在台湾北部沿海的核一、核二厂，排放的温水并未造成多大影响。南部核三厂的温排水却伤害了排水口附近浅处的珊瑚。造成南、北核能电厂的区别并非核三厂的冷却系统设计比核一、二厂差，而是因为核三厂排水口附近刚好有很多生长良好的珊瑚，再加上当地海水的温度终年都比北部沿海的高3℃~5℃。核三厂所在的南湾在台湾最南端，在冬季时黑潮支流流入台湾海峡，南湾海水主要来自黑潮。夏季时中国南海海水流入台湾海峡，此时南湾海水主要来自中国南海。这两种水团的水温都很高，南湾冬季表面水温仍达 24℃ 左右，夏季则常达 29℃，甚至更高。所以它能够忍受温升的空间就小多了，也因此核三厂的温排水对生态的影响特别引人注意。

沿海水温上升

珊瑚最适合在热带与亚热带的温暖海洋中生长，台湾气候属亚热带型，特别是南湾海域位在台湾最南端，海水温度全年都在20℃以上，最适于珊瑚生长，而核三厂排水口附近又是珊瑚生长比较茂盛的地方。

根据调查，南湾已发现的珊瑚共有 179 种之多，这些珊瑚在 35℃ 的高温海水中便会死亡，如在31℃~33℃的水温中，时间稍长，珊瑚便会白化，甚至死亡。

台湾电力公司早在 20 世纪 80 年代就开始建核三厂，有两部发电机。第一部于 20 世纪 80 年代初开始运转，冷却系统排出的温水水量不大，对排水口附近的珊瑚并无多大影响。到了 1987 年，两部机组开始稳定地同

41

时发电。同年 7 月，部分排水口附近浅处珊瑚白化了。到了冬天，白化的珊瑚有些又重获生机，但到了来年夏天，珊瑚又白化了，而且面积有扩大的趋势。

赤潮危害

什么是赤潮

"赤潮"，被喻为"红色幽灵"，国际上也称其为"有害藻华"。赤潮又称红潮，是海洋生态系统中的一种异常现象。它是由海藻家族中的赤潮藻在特定环境条件下爆发性地增殖造成的。海藻是一个庞大的家族，除了一些大型海藻外，很多都是非常微小的植物，有的是单细胞植物。根据引发赤潮的生物种类和数量的不同，海水有时也呈现黄、绿、褐色等不同颜色。

赤 潮

赤潮发生后，除海水变成红色外，一是大量赤潮生物集聚于鱼类的鳃部，使鱼类因缺氧而窒息死亡；二是赤潮生物死亡后，藻体在分解过程中大量消耗水中的溶解氧，导致鱼类及其他海洋生物因缺氧死亡，同时还会释放出大量有害气体和毒素，严重污染海洋环境，使海洋的正常生态系统遭到严重的破坏；三是鱼类吞食大量有毒藻类。赤潮发生时，海水的 pH 值也会升高，黏稠度增加，非赤潮藻类的浮游生物会死亡、衰减；赤潮藻也因爆发性增殖、过度聚集而大量死亡。

赤潮是在特定环境条件下产生的，相关因素很多，但其中一个极其重要的因素是海洋污染。大量含有各种有机物的废污水排入海水中，促使海水富营养化，这是赤潮藻类能够大量繁殖的重要物质基础，国内外大量研究表明，海洋浮游藻是引发赤潮的主要生物，在全世界 4000 多种海洋浮游藻中有 260 多种能形成赤潮，其中有 70 多种能产生毒素。它们分泌的毒素有些可直接导致海洋生物大量死亡，有些甚至可以通过食物链传递，造成人类食物中毒。

世界上已有 30 多个国家和地区不同程度地受到过赤潮的危害，日本是受害最严重的国家之一。近十几年来，由于海洋污染日益加剧，我国赤潮灾害也有加重的趋势，由分散的少数海域发展到成片海域，一些重要的养殖基地受害尤重。对赤潮的发生、危害予以研究和防治，涉及生物海洋学、化学海洋学、物理海洋学和环境海洋学等学科，是一项复杂的系统工程。

赤潮是在特定的环境条件下，海水中某些浮游植物、原生动物或细菌爆发性增殖或高度聚集而引起水体变色的一种有害生态现象。赤潮是一个历史沿用名，它并不一定都是红色，实际上是许多赤潮的统称。赤潮发生的原因、种类和数量的不同，水体会呈现不同的颜色，有红颜色或砖红颜色、绿色、

美国的赤潮

黄色、褐色等。值得指出的是，某些赤潮生物（如膝沟藻、裸甲藻、梨甲藻等）引起赤潮有时并不引起海水呈现任何特别的颜色。

赤潮的历史记载

关于赤潮，人类早就有相关记载，如《旧约·出埃及记》中就有关于赤潮的描述："河里的水，都变作血，河也腥臭了，埃及人就不能喝这里的水了。"赤潮发生时，海水变得黏黏的，还发出一股腥臭味，颜色大多都变成红色或近红色。在日本，早在藤原时代和镰仓时代就有赤潮方面的记载。

1803年法国人马克·莱斯卡波特记载了美洲罗亚尔湾地区的印第安人根据月黑之夜观察海水发光现象来判别贻贝是否可以食用。1831～1836年，达尔文在《贝格尔航海记录》中记载了在巴西和智利近海面发生的束毛藻引发的赤潮事件。据载，中国早在2000多年前就发现赤潮现象，一些古书文献或文艺作品里已有一些有关赤潮方面的记载。如清代的蒲松龄在《聊斋志异》中就形象地记载了与赤潮有关的现象。

人类活动与赤潮

随着现代化工、农业生产的迅猛发展，沿海地区人口的增多，大量工农业废水和生活污水排入海洋，其中相当一部分未经处理就直接排入海洋，导致近海、港湾富营养化程度日趋严重。同时，由于沿海开发程度的增高和海水养殖业的扩大，也带来了海洋生态环境和养殖业自身污染问题；海运业的发展导致外来有害赤潮种类的引入；全球气候的变化也导致了赤潮的频繁发生。

公元1500年以前，《旧约圣经》中就曾经描写过发生于江河的赤潮——"江水变成了血。江里面的鱼死了……江水不再能饮用。"

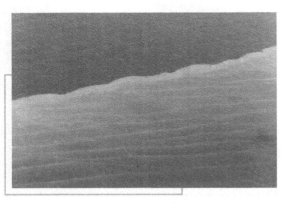

韩国南部赤潮

2001年8月，这种情景出现在韩国南部各地区的海面上。

几百艘渔船在穿梭忙碌。但渔民们不是在捕鱼，而是在不停地向大海里抛洒黄土，治理迅速扩张的赤潮。韩国政府投入12亿韩元，向韩国南部海域共抛洒了8万吨黄土。

8月6日，韩国西南部海域的全南道丽水市附近检出了旋沟藻，这是一种具有毒性的赤潮生物。8月10日，韩国南部海域的庆南道南海郡附近也检测到旋沟藻活跃的迹象，其密度为1～2个/毫升。两地的"赤潮对策务实协商会"开始密切关注事态的发展。

旋沟藻属于藻类。每年的大部分时间，其孢子潜伏在海底。水温上升到合适温度以后，孢子开始发育，并且上浮到水深 3 ~ 5 米的位置。当年 8 月以来，韩国南海沿岸海水的水温在 24℃ ~ 25℃，频繁的降雨使大量营养盐类冲刷入海，导致了赤潮的迅速发展。研究认为，旋沟藻能够产生一种溶血性毒素，海水中的个体数达到 3000 个/毫升或以上，就可能引发鱼类的大规模死亡。

14 日下午 6 点，韩国政府发出当年第一次赤潮通报，地点是朝鲜半岛的正南方向，以全南道高兴郡南端的海面为中心的区域。这里的海面已经变成了深红色，并且还在不断扩大。据水产振兴院的调查，当天这一水域旋沟藻的个体数已经达到 180 ~ 600 个/毫升。

19 日，韩国南部海域（高兴郡）旋沟藻的密度达到了 3400 ~ 4000 个/毫升。到 22 日下午，深红色的赤潮带已断断续续覆盖了大约 200 千米的狭长海域，形成了令人恐惧的气势。

21 日，庆尚南道统营市蛇梁岛附近，大约 4 海里范围内的多个养渔场开始有鱼类死亡。

25 日，国立水产振兴院向赤全罗南道高兴半岛以西海域以及庆尚南道巨济岛东南海域之内的地区下达赤潮通报。

26 日下午 5 点，赤潮通报改为赤潮警报。这样，南海东部、东海南部海域已经全部处于赤潮警报范围。

投放黄土是目前国际公认的处理赤潮的方法。黄土能以颗粒或者络合物的形式吸附在赤潮生物的细胞膜上，并带动赤潮生物沉向海底。那里水温低，光照弱，营养盐类相对不足，不利于赤潮生物生长。

韩国庆尚南道的统营市位于朝鲜半岛东南部，统营市附近的海域是这次赤潮密度最高的地区之一。17 日下午，从统营以西的全罗南道高兴郡传来了赤潮警报。18 日下午，赤潮带即蔓延到了统营市的蛇梁岛。当天，当地各界动员了货船和拖网渔船共抛洒了 260 吨黄土。19 日，在养渔场密集的 10 海里左右的海域又集中投放了 200 吨的黄土。除了不断地向海里抛洒黄土，各个渔村还购置了 20 多台赤潮清除机。每台机器每小时过滤 200 吨海水，24 小时不间断地进行清除赤潮的作业。

哥斯达黎加赤潮

为了切断赤潮生物的营养供应链，各养渔场广泛采取了减少鱼饲料投放的措施。一些地区停止投放饲料超过 1 星期。各个渔场的鱼死亡数量近 100 万尾，损失超过 4 亿韩元。

2001 年 9 月 3 日，中美洲地峡渔业和水产组织宣布，一场严重的赤潮正在袭击中美洲太平洋沿海地区，其中受影响最大的是哥斯达黎加、危地马拉和萨尔瓦多。

据该组织介绍，哥斯达黎加的赤潮形成于 1999 年年底，但是没有任何消失的迹象。在北部瓜纳卡斯特沿海，贝壳类吸收的毒素指数是人类承受此类毒素的最大限量的 38 倍以上。在中部沿海地区，贝壳类的毒素含量也大大超过限量。

危地马拉赤潮监控委员会在 9 月 4 日宣布全国海产业进入"红色戒备状态"，禁止捕捞、销售任何贝壳类海产品，同时告诫消费者不要食用虾头、鱼头及其内脏。

萨尔瓦多两大海产生产基地均受到赤潮的严重袭击。萨政府除禁止在国内销售贝壳类产品外，也"暂时中止"从危地马拉进口任何海鲜产品。

这次赤潮是自 1987 年以来影响面最广、持续时间最长、经济损失最严重的一次。哥斯达黎加有 51 人中毒，经济损失超过 150 万美元。萨尔瓦多和危地马拉的渔业生产也损失惨重。

9 月 11 日，中美洲各国还在哥斯达黎加首都圣何塞召开紧急会议，专门商讨联合对付赤潮的办法。

2003 年，在佛罗里达州由于赤潮引起的海牛的死亡数目达到了该州的第二次高峰。

佛罗里达州鱼类和野生生物保护委员会在报告中说到，2003 年一共计 98 头海牛被怀疑死于赤潮。海藻赤潮主要集中在离佛罗里达州西南的沿海海湾的附近，2003 年死亡的海牛总数到 380 头，仅次于 1996 年的由于赤潮引起的 415 头。2002 年有 305 头海牛死亡。

佛罗里达州的赤潮

Elsa Haubold，该州海牛的管理员，认为赤潮是由难闻的微小的海藻组成，这些海藻散发的神经毒素可能麻痹海牛或使它们呼吸困难，这种毒素散发在空中同样可以造成人的呼吸困难。

佛罗里达州海边的赤潮

佛罗里达州是唯一的有永久自然海牛群州，因此每年对海牛的数量严格调查。在佛罗里达州种群估计大约仅有 3000 头海牛后，这种笨拙的哺乳动物被该州和联邦政府列为濒危种类。

该州每年都做海牛群的空中勘测，2003 年 1 月调查的最新的计数是 3113 头。而从 1991 年第一次空中勘测的 1465 头以来，最多的一次是 2001 年的 3276 头。

但 Haubold 提出真正统计海牛的数目是困难的，调查结果可能与实际的海牛数目有很大的偏差。

同时佛罗里达州有 97 只宽吻海豚死亡，2 只以上的海豚被海浪冲到罗斯玛丽海滩和 St. Joe 海湾的岸上，所有的海豚都在富兰克林和 Santa Rosa 县之间。有关官员认为可能是赤潮或有关的生物毒素所造成的。

2003 年 11 月，菲律宾渔业和水产资源办公署（BFAR）对菲律宾几个沿海地区发出赤潮警报，导致受害地区渔业和贝类产业，因受赤潮毒素影响而无法销售，损失近 300 万美元。

警报仍未解除，赤潮毒素含量仍然相对较高。

BFAR 赤潮监测小组的

菲律宾的赤潮

48

负责人介绍，受影响的地区包括 Zambales 省的 Palawig 海湾、巴拉望岛的 Honda 海湾、Masbate 省的 Mandaon 和 Milagros 海湾、Sorsogon 省的 Juag 礁湖、菲特岛和萨马岛之间的 San Pedro 海湾、达沃地区的 Balite 海湾及三宝颜地区的 Dumanquillas 海湾。其中很多地区都以盛产贝类闻名，贝类销售是当地渔民的主要经济来源。当地政府不得不发布贝类禁令，严禁有毒贝类流入市场，使当年菲律宾的贝类销售骤然减少。

2002 年 8 月，南非西岸 Elands Bay（位于开普敦北方近 200 千米处的一个偏僻小渔村，是南非西海岸岩礁龙虾主要产地之一）在 1 个月内发生 2 次赤潮，导致大量龙虾死亡。

第一次赤潮时上岸的龙虾将近 300 吨，当地居民曾争先前往捡取，

死去的螃蟹

但后来遭到渔业局及警方人员强力禁止。渔业局采取的做法是尽可能捡取还活着的龙虾，送到安全的海域放生，以减少资源的损失。但是通过2天抢救，放生的龙虾仅有约60吨。

渔业局科学家表示，1940年以来，大约每10年就有一次因赤潮而造成大量龙虾死亡，而过去这10年情况更为严重。他们曾做过各种研究，包括气象模式的变化，但仍无法查出赤潮泛滥的原因。由于适为龙虾繁殖季节，且大部分死亡的龙虾都在渔获体长限制以下，因此预计此次赤潮对资源的冲击应该在一两年后显现。

2006年以来，佛罗里达州西南沿海地带海龟死亡率持续上升。

监测人员的记录显示，2006年共有76只海龟搁浅在派尼拉斯县（Pinellas）和科利尔县（Collier）之间的海岸，而2005年同期只有66只海龟搁浅。4月24日，当局埋葬了一只被冲上佛州西南部那不勒斯海滩（Naples Beach）的重约70千克的海龟，海龟的死因还不明确。

佛罗里达州西南沿海地带的海龟

2005年7月至10月中旬期间，帕斯克县（Pasco）到科利尔县之间的海滩共有216只海龟搁浅，其中大部分死亡，赤潮被认为是导致这些海龟搁浅的原因。

佛罗里达野生物研究所（the Florida Wildlife Research Institute）的野生物学家艾伦·福利（Allen Foley）说，赤潮在海滩上的遗留物可能是2006年海龟高死亡率的主要原因。

2008年3月，由藻花引起的赤潮导致纳米比亚牡蛎业损害了大约70%的产量。纳米比亚的牡蛎行业受到了前所未有的负面影响，几乎面临崩溃的边缘。居住在Walvis海湾附近的当地牡蛎养殖商反映，在短短的6周里，他们已经遭受了 3 倍的损失。

　　赤潮使本国相关的牡蛎贸易损失了相当数量的贝类产品，推迟了近 1 年的国外市场扩张计划。

　　2001 年 5 月，闽东四霜列岛海域首次发现赤潮，在闽南晋江围头至大嶝岛之间的围头湾也有赤潮发展趋势。根据监测继舟山海域和长江发生特大面积赤潮之后，5 月 15 日闽东海洋环境监测站发现四霜列岛海域当年首次发生赤潮。赤潮颜色为黄褐色，呈条带状分布，面积大约 150 平方千米，距大陆 20 千米。因 16 日傍晚开始连续下雨，17 日赤潮消失。海洋部门样品分析认为，此次赤潮生物种类为甲藻门的浮游植物，优势种为胶壳藻和夜光虫。

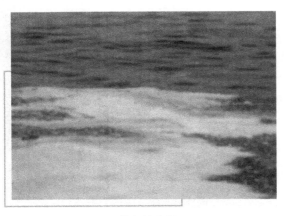

黄色的赤潮

　　2006 年 10 月末，渤海湾天津、黄骅附近海域出现大规模赤潮，经鉴定，其生物种类为球形棕囊藻。据有关专家介绍，渤海海域在这个季节发生棕囊藻赤潮尚属首次。

　　10 月 27 日，沧州市海洋局在黄骅海域海面发现异常，海面有大面积棕色漂浮物。从直观看，水面漂浮物是直径为 0.5～2.0 厘米的透明球体，外膜为浅棕色，经鉴定分析为球形棕囊藻，由此确定该海域发生赤潮。监测人员出海监视发现，黄骅海域从歧口村（与天津交界）至黄骅港沿线海域，垂直海岸线纵深 35 千米均有赤潮，20 千米以内最多。

　　11 月 1 日，天津海洋环境监测中心站对天津港航及大沽锚地等 300 平方千米海域范围内监测发现，赤潮严重区主要集中在距岸边约 20 千米的近岸海域，球形棕囊藻密度由近岸向远海逐渐降低。

　　据河北省海洋环境监测中心介绍，此次发生赤潮的海域水体中营养盐含量不高，但浮游植物细胞数量非常高。加之天气情况特殊，气温、水温均较往年偏高，而且天气系统稳定，有利于浮游植物生长繁殖。

此次赤潮给黄骅渔业生产造成很大影响，每年伏季休渔结束后的 9~11 月，是渤海渔民打渔旺季，而赤潮的出现使大部分渔民不得不将渔船停泊在港口，等待赤潮结束后再次出海。

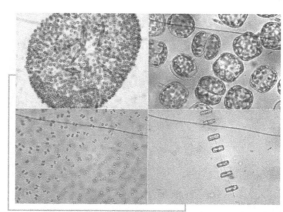

赤潮生物

如今，赤潮已成为一种世界性的公害，美国、日本、中国、加拿大、法国、瑞典、挪威、菲律宾、印度、印度尼西亚、马来西亚、韩国等 30 多个国家和地区赤潮发生都很频繁。

赤潮的严重危害

1. 赤潮对海洋生态平衡的破坏

海洋是一种生物与环境、生物与生物之间相互依存、相互制约的复杂生态系统。系统中的物质循环、能量流动都是处于相对稳定、动态平衡的。当赤潮发生时这种平衡遭到干扰和破坏。在植物性赤潮发生初期，由于植

近海赤潮

物的光合作用，水体会出现高叶绿素 a、高溶解氧、高化学耗氧量。这种环境因素的改变，致使一些海洋生物不能正常生长、发育、繁殖，导致一些生物逃避甚至死亡，破坏了原有的生态平衡。

2. 赤潮对海洋渔业和水产资源的破坏

赤潮破坏鱼、虾、贝类等资源的主要原因是：

（1）破坏渔场的饵料基础，造成渔业减产。

（2）赤潮生物的异常发制繁殖，可引起鱼、虾、贝等经济生物瓣机械堵塞，造成这些生物窒息而死。

（3）赤潮后期，赤潮生物大量死亡，在细菌分解作用下，可造成环境严重缺氧或者产生硫化氢等有害物质，使海洋生物缺氧或中毒死亡。

（4）有些赤潮的体内或代谢产物中含有生物毒素，能直接毒死鱼、虾、贝类等生物。

3. 赤潮对人类健康的危害

有些赤潮生物分泌赤潮毒素，当鱼、虾、贝类处于有毒赤潮区域内，摄食这些有毒生物，虽不能被毒死，但生物毒素可在体内积累，其含量大大超过食用时人体可接受的水平。这些鱼、虾、贝类如果不慎被人食用，就引起人体中毒，严重时可导致死亡。

由赤潮引发的赤潮毒素统称贝毒，确定有 10 余种贝毒其毒素比眼镜蛇毒素高 80 倍，比一般的麻醉剂，如普鲁卡因、可卡因还强 10 万多倍。贝毒中毒症状为：初期唇舌麻木，发展到四肢麻木，并伴有头晕、恶心、胸闷、站立不稳、腹痛、呕吐等，严重者出现昏迷，呼吸困难。赤潮毒素引起人体中毒事件在世界沿海地区时有发生。据统计，全世界因赤潮毒素的贝类中毒

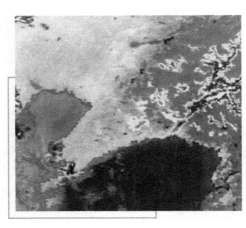

东海卫星图

事件 300 多起，死亡 300 多人。

4. 赤潮危害东海

东海，是中国海的一部分、中国三大边缘海之一。它北起中国长江口北岸到韩国济州岛一线，与黄海毗邻，东北面以济州岛、五岛列岛、长崎一线为界，南以广东省南澳岛到中国台湾本岛南端（一作经澎湖到台湾东石港）一线同南海为界，东至琉球群岛。广阔的东海大陆架海底平坦，水质优良，又有多种水团交汇，为各种鱼类提供良好的繁殖、索饵和越冬条件，是中国最主要的良好渔场，盛产大黄鱼、小黄鱼、带鱼、墨鱼等。舟山群岛附近的渔场被称为中国海洋鱼类的宝库。

2003年4月以来，东海已经20次多次赤潮频繁，肆虐海域近4000平方千米。赤潮所到之处，鱼虾陈尸，蟹贝灭绝，只有藻类疯长，生机勃勃的海洋瞬间一片死寂，渔民损失惨重。

污染严重导致东海成为我国赤潮最多的海域。

4月27日，国家海洋局工作人员正在执行例行的日常监测。突然，深蓝色的海面上，一块块不易被发现的褐色水体映入他们的眼帘，经验丰富的工作人员立即取样鉴定，在褐色水体里发现了超量的"具齿原甲藻"——一种单细胞的赤潮生物。

没过几天，我国东南沿海重要的渔业基地——浙江舟山群岛附近海域也相继发现了赤潮：5月2日，北麂山列岛南麂海域发现赤潮；5月3日，沙埕港海域发现赤潮；5月6日，岱山报告发现赤潮；5月13日，渔山列岛海域监测到1000平方千米的大面积赤潮；5月14日，大陈岛海域发现赤潮；5月16

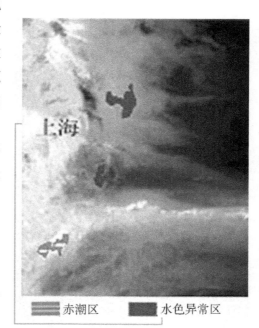

赤潮区　　　水色异常区

东海卫星监测图

53

日，韭山列岛海域监测到大面积赤潮；5月17日，台州列岛东部海域发现赤潮。据海监3837飞机和海监47船联合进行的"海空配合"监测显示：5月17日，浙江中部、南部各海域赤潮总面积已达到3900平方千米，仍无消退迹象。

我国尽管在1933年就有赤潮灾害的记载，但在20世纪80年代以前发生频率并不高，1953～1998年我国大陆沿海只记录了322次赤潮，平均每年7次。但如今，仅2003年一年，我国海域就发现了119次赤潮，累计面积达1.4万平方千米。其中，东海发生赤潮86次，南海16次，渤海12次，黄海5次。与2002年相比，东海的赤潮增加了35次，大面积赤潮增加，持续时间延长。

科学家的研究表明，向海洋排放的含氮、磷的工业废水、生活污水，高密度养殖，沿岸农田化肥、农药的流失，废泥中有机磷的释放等人为因素，可使某些赤潮生物在有氮盐的海水中增殖2倍，若同时加入足够的磷盐可增殖9倍，如再加入维生素B_{12}则可迅速增殖25倍。

东海毗邻我国经济经济最为发达的长三角地区，近年来这一地区经济发展很快，但与此同时，大量的污水排放、过度的渔业养殖以及大型海洋工程的兴建，都向海洋输送了大量污染物，几乎使东海成为人类的"天然垃圾场"，远远超出了海洋自净能力范围。

来自国家海洋局《东海倾废管理公报》表明，2003年，人们向东海倾倒了4245万立方米的疏浚物，其中，上海海区的倾倒量占55%以上。这些未加任何处理的疏浚物，含有大量的铜、铅、锌、砷、镉、铬、有机质、油类、DDT、666等对海洋环境有污染的物质。黄浦江及其支流河道、温州瓯江、台州椒江等地区的内陆江河

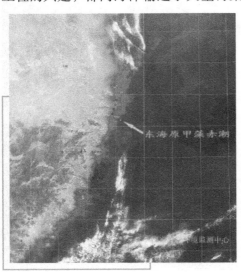

东海原甲藻赤潮

码头，废弃物有害物质的含量超标尤为严重。全国海洋污染线的调查也表明，长江口一带海域无机氮、无机磷已经百分之百地超标。浙东沿海是我国水产养殖最密集的地区之一，由于环保设施落后，这里的一些海域海底覆盖了 1 米多厚的黑臭淤泥，而在没污染前，海底应该是黄色的海泥。

5. 赤潮毒素

当人类为了一己之私肆无忌惮地对大海进行污染的时候，愤怒的大海同样也会通过赤潮对人类进行报复，破坏渔业生产，威胁人类健康，甚至夺人性命。

海洋浮游藻是引发赤潮的主要生物。赤潮藻中的"藻毒素"通过食物链，在贝类和鱼类的身体里累积，人类误食以后轻则中毒，重则死亡，人们又将赤潮毒素称为"贝类毒素"。

贝类毒素是目前已知的最毒的有机化合物。根据人体的中毒症状，又分为麻痹性贝毒（PSP）、腹泻性贝毒（DSP）、健忘性贝毒（ASP）、神经性贝毒（NSP）、西加鱼毒等许多种。近年来，还不断有新的毒素及其组分被发现。人们在今年的东海赤潮中发现了麻痹性贝毒，这种毒素以前仅 8 ~ 12 种组分，但现在已发现该种毒素有 30 多种成分。

麻痹性贝毒是所有赤潮毒素中最重要、最多见的一类毒素，目前尚无药可救。人类误食了含有麻痹性毒素的贝类 5 ~ 30 分钟内，轻者，嘴唇周围有刺痛感和麻木感，逐渐扩展到脸部和颈部，手指和脚趾也有刺痛感，并伴有头痛、眩晕、恶心等；重者，语无伦次，出现失语症，刺痛感扩展到双臂和双脚，手足僵硬，运动失调，全身虚弱无力，呼吸出现困难，心跳加快；而病危者，肌肉麻痹，呼吸明显地出现困难，感觉窒息，在缺氧的情况下，24 小时内就会死亡。

腹泻性毒素的症状类似于食物中毒。该类毒素为肿瘤促进剂，尤其是对人体的肝细胞具有破坏作用，对人类健康具有潜在威胁。神经性毒素则能引起神经传导的障碍，人类食用含有神经性毒素的贝类、鱼类 3 小时后，就会出现眩晕、头部神经机理失调、瞳孔放大、身体冷热无常、恶心、呕吐、腹泻等中毒状况，严重的情况下，还伴有心律失常，感觉急性窒息，有时还出现醉酒似的运动失常。

据统计，自 20 世纪 60 年代以来，我国已经有 600 人因误食有毒的贝类而中毒，其中 29 人死亡。1976～1978 年，浙江舟山、宁波地区发生多起食用织纹螺中毒事件，毒素来源于裸甲藻；1986 年福建东山发生因食用菲律宾蛤仔而引起 136 人中毒，1 人死亡事件；2002 年，福建宁德、青田、罗源等地先后发生 50 多人因食用甲锥螺而中毒，其中 3 人死亡。

东海特大赤潮

目前，许多国家都对贝类中的毒素含量有严格规定，如加拿大规定食品中的麻痹性贝毒超过 80 微克/100 克时就禁止食用，腹泻性毒素含量不得超过 200 纳克/克，健忘性贝毒含量不得超过 20 微克/克。各国对于进口的水产品质量要求也越来越严格，欧盟对进口水产品的检查包括新鲜度化学指标、自然毒素、寄生虫、微生物指标、环境污染的有毒化学物质和重金属、农药残留、放射线等 63 项指标。由于有一整套完整的海产品监测、管理措施，尽管欧美一些国家沿海也经常出现有毒赤潮，但海产品中毒事件发生得较少。

我国的海产品毒素检测则主要是为了出口，国内市场上销售的海产品绝大多数都没有做过任何毒素的检测。尽管国家质量监督检验检疫总局在 2001 年曾经发布了《无公害水产品的安全要求》，规定麻痹性贝毒含量不得超过 80 微克/100 克，腹泻性贝毒含量不得超过 80 微克/100 克，并开始进行无公害水产品的质量认证，但认证的覆盖范围很小，而且认证也只针对养殖产品，对渔民捕捞的海产品的检测认证还没有开始。

船舶造成的污染

船舶污染

什么是船舶污染

　　船舶污染主要是指船舶在航行、停泊港口、装卸货物的过程中对周围水环境和大气环境产生的污染，主要污染物有含油污水、生活污水、船舶垃圾3类，另外，也将产生粉尘、化学物品、废气等，相对来说，对环境影响较小。油类系指船舶装载的货油和船舶在运营中使用的油品，包括原油、燃料油、润滑油、油泥、油渣和石油炼制品在内的任何形式的石油和油性混合物。船舶油类污染可以分成船舶油污水（压舱水、洗舱水、舱底水、舱底残油）和船舶溢油两类污染。船舶生活污水主要是指人的粪便水，包括从小便池、抽水马桶等排出的污水和废物，从病房、医务室的面盆、洗澡盆和这些处所排出孔排出的污水和废物，以及与上述污水废物相混合的日常生活用水（指洗脸水、洗澡水、洗衣水、厨房洗涤水等）和其他用水。船舶垃圾系指在船舶正常的营运期间产生的，并要不断地或定期地予以处理的各种食品、日常用品、工作用品的废弃物和船舶运行时，产生的各种废物，主要有食品垃圾（米饭、菜肴、干点、饮料、糖果等）、塑料制品垃圾（聚氯乙烯制品、合成纤维制品、玻璃钢制品）及其他垃圾（纸、木制品、布类制品、玻璃制品、金属制品、陶器制品等）。

船舶生活污水危害

人们通常将来自于船舶卫生间、医务室、装载活动物处所的废水和废物称为"黑水";而将来自厨房、洗衣房以及盥洗室等处的废水和废物称为"灰水"。船舶生活污水不仅含有有机物和矿物质,而且还含有大量的细菌、寄生虫,有时还含有危害人体及水生物的病毒。

1. 船舶生活污水的性质指标

船舶生活污水性质指标可分为物理性质指标、化学性质指标和生物学性质指标。

(1) 船舶生活污水物理性质指标

主要是以悬浮固体 Suspended Solidity（简称 SS）量作为水质指标,其表示单位为毫克/升。

(2) 船舶生活污水化学性质指标

通常以生化需氧量和化学需氧量作为水质指标。

生化需氧量（BOD）表示水中的可氧化物质（特别是有机物）在微生物作用下氧化分解所消耗的溶解氧的量。国内外普遍规定在（20 ± 1）℃的温度条件下,以 5 天的时间里有机物氧化分解所消耗的溶解氧量为指标,称为 5 天生化需氧量,即 BOD_5。生化需氧量越大,表明水中含有的有机污染物越多。其单位是毫克/升（mg/L）。

化学需氧量（COD）表示有机污染物用化学氧化剂氧化所消耗的氧量。因有机物基本上属于还原性物质,能被化学氧化剂分解,而有机物越多,消耗的氧化剂量就越多。其单位是毫克/升（mg/L）。

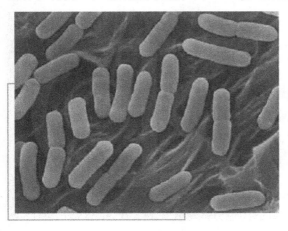

大肠杆菌

（3）船舶生活污水生物学性质指标

通常以水中大肠杆菌群的数量作为指标。

粪便中除含有大肠杆菌外，还含有一部分性质相同的好气性杆菌，因测定时同时被检出，所以总的生物学指标称为大肠杆菌群（主要包括有埃希释菌属、柠檬酸杆菌属、肠杆菌属、克雷伯菌属等细菌的菌属）。单位用每100毫升水中的MPN（个/100毫升）来表示。

2．船舶生活污水主要污染成分

（1）使水生物和人感染的大量细菌、寄生虫甚至病毒。这些细菌能引起伤寒、副伤寒、疟疾、痢疾、胃肠炎、霍乱等肠道传染病及寄生虫病。

（2）在水中对于氧气有很高生化需要的、溶解于水的有机成分和悬浮成分。

（3）本身生化衰变时要消耗氧气的、沉淀于海底的固体颗粒（有机的和无机的）。

（4）对于海滨休息环境有严重影响的、呈单个小碎块或悬胶体的、浮在水面的浮游微粒（有机的和无机的）。

（5）使吸收这些物质的水饱和并可能富营养化的、高浓度的营养物质（主要是磷化合物和氮化合物）。

3．船舶生活污水的危害

（1）对水环境的影响

船舶生活污水未经处理任意排入水环境，会发生一系列生化作用。水环境的自然净化过程是细菌及其他微生物利用水中的溶解氧将有机物分解为无机物和二氧化碳的过程。水藻吸收二氧化碳，通过光合作用使自身生长，同时放出氧气。这种自然净化过程虽然进行得非常缓慢，但该过程仍然是一种平衡过程，而维持该平衡的决定因素是溶解氧的含量。如果大量的生活污水排入水环境，就会造成水中溶解氧的含量降低，破坏了水环境的自然净化过程和生态平衡，改变了水环境的生态特征，造成水环境中的鱼类等动物的死亡或迁移。船舶生活污水中的营养盐进入水环境后，当其

59

含量达到0.01毫克/升时，便可使藻类过度地生长和繁殖，出现富营养化，使水中溶解氧的含量降低，产生厌氧条件，使海洋动、植物群中的好气性群体（如鱼类）被低级的厌氧群体（软虫类）所取代。水环境的自然净化过程的破坏再加之生活污水中悬浮固体的存在，将对海滨浴场和渔场的资源产生较严重的影响。

（2）对人体健康的影响

每1毫升未经处理的粪便污水中含有几百万个细菌，其中多数是致病细菌，可传染多种肠道传染病。粪便污水如果不经过充分处理以杀死病细菌的话，它就会污染水源，并传播这类疾病，对人类的健康产生威胁。

船舶垃圾危害

1. 船舶垃圾处理亟待加强

2008年10月以来，黄岛检验检疫局卫生检验检疫工作人员在日常监管过程中经常发现，进境船舶的生活垃圾在处理过程中存在未经消毒私自移运、随意抛入海域、不实行分类管理以及消毒不彻底等问题。有关专家提醒，进境船舶垃圾处理亟待加强。

船舶生活垃圾处理不当会造成重大危害：私自移运的垃圾未经任何消毒处理，存在卫生安全隐患；船方为节省垃圾消毒移运费用，将垃圾抛入大海或私自移运，抛入海域的垃圾，严重污染

海岸边的垃圾

海洋环境；未分类的垃圾不利于后续监管处置，且造成资源浪费；消毒不彻底的垃圾仍携带致病菌及病媒昆虫等。

2. 船舶垃圾威胁海洋生物生存

美国海洋保护协会 2006 年 9～10 月在日本、美国和新西兰等 68 个国家的海岸开展清扫行动，回收了重达 3000 吨的 800 万件垃圾，其中包括 190 万个烟蒂、77 万个食品包装和食品容器、70 万个各种盖子和 69 万个塑料袋等。烟蒂、食品包装和塑料制品等海洋垃圾数量如此惊人，已经严重威胁海洋生物的生存。

美国海洋保护协会指出，垃圾中含有的化学物质正在污染海洋，每年全世界有约 100 万只海鸟因为吞食塑料垃圾或缠绕在渔具上而死亡。

声 呐 污 染

什么是声呐

到目前为止，声波还是唯一能在深海作远距离传输的能量形式。于是探测水下目标的技术——声呐技术便应运而生。

声呐就是利用水中声波对水下目标进行探测、定位和通信的电子设备，是水声学中应用最广泛、最重要的一种装置。它是 SONAR 一词的"义音两顾"的译称（旧译为声纳），SONAR 是 Sound Navigation and Ranging（声音导航测距）的缩写。

声呐技术至今已有 100 年历史，它是 1906 年由英国海军的刘易斯·尼克森所发明的。他发明的第一部声呐仪是一种被动式的聆听装置，主要用来侦测冰山。这种技术在第一次世界大战时被应用到战场上，用来侦测潜藏在水底的潜水艇。

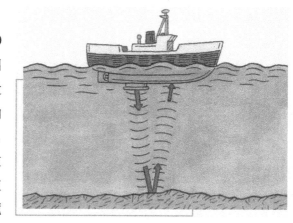

声呐示意图

目前，声呐是各国海军进行水下监视使用的主要技术，用于对水下目标进行探测、分类、定位和跟踪；进行水下通信和导航，保障舰艇、反潜飞机和反潜直升机的战术机动和水中武器的使用。此外，声呐技术还广泛用于鱼雷制导、水雷引信，以及鱼群探测、海洋石油勘探、船舶导航、水下作业、水文测量和海底地质地貌的勘测等。

和许多科学技术的发展一样，社会的需要和科技的进步促进了声呐技术的发展。

声呐与海洋生物

声呐目前是各国海军不可或缺的主要技术。声呐技术作为导航和探测水下舰艇活动的技术被广泛应用于舰艇装备中。中频主动声呐就是向周围海域发射中频率波段的声波，以探测敌方潜艇，这对于反潜作战来说是最有效的。美军舰艇和潜水艇中大都配备了中频声呐系统。中频声呐可持续释放超过 235 分贝的噪声，其范围可达数千平方千米的海域。

美国自然资源保护委员会（NRDC）的一项报告显示，军事声呐等不断加剧的海洋噪声正影响着海豚、鲸的生活，因为这些动物必须依赖声音进行交配、觅食以及躲避天敌。报告称，海洋噪声轻则影响海洋生物的长期行为，重则导致它们听力丧失甚至死亡。NRDC 的研究结果认为，目前科学界对于军用声呐可以伤害、杀死并大范围破坏海洋哺乳动物这一点上已经没有争议。美国环境和鲸鱼保护组织也多年致力于保护海洋哺乳动物免受美军声呐影响的研究，结果显示声呐与鲸的死亡率之间的关联很紧密。另外，声呐也降低了大比目鱼和其他鱼类捕食的成功率，还影响了鱼类的繁殖率和巨型海龟的行为等。一些鱼类的内耳也受到了严重的伤害，这直接威胁着它们的生存。

由中频声呐试验导致的鲸大量搁浅及死亡事件不断发生：1996 年 5 月，美军在北约的一次演习中，有 14 头剑吻鲸在希腊海岸搁浅；2000 年 3 月，美军在百慕大海域再度进行声呐实验，由于军舰配备的声呐影响，3 个种类共 16 头鲸搁浅在长达 150 米的海岸线上，其中 6 头死亡，多个物种成群搁浅是非常罕见的，科学家发现冲滩搁浅的突吻鲸眼睛、颅部出血，肺爆裂，自此美军接受了声呐对海洋哺乳动物行为有影响的观点；2002年7月，66头领航鲸在美国马萨诸塞州的鳕雪角集体自杀，原因同样与声呐实验有关；2004年7月，在环太平洋军事演习中，美军声呐测试开始后不久，夏威夷沿岸的浅水中就有200头鲸鱼搁浅，其中1头鲸鱼仔死亡；2005年初，由于美军声呐试验，37头鲸搁浅在北卡罗莱纳州的外滩；2009年3月，美国"无瑕号"在南海被中国渔政人员和渔民拦截并驱赶前，打开声呐"工作"后不久就在"无瑕号"声呐范围内的香港海岸边，出现一条长逾10米的成年座头鲸迷航搁浅。

声呐影响海洋生物的原理

越来越多的证据证实，鲸豚类的死亡和海军的声呐武器有关。科学家们发现在搁浅死亡鲸的脑膜附近有多处严重出血，在其肝脏、肾脏、肺部等部位都发现有堵塞物；对一些鲸进行尸体解剖后发现，鲸鱼的听觉部位结构损毁，耳朵附近有大面积出血，这直接表明是音波伤害所致。

研究结果显示，声呐可通过影响鲸类的行为最终酿成悲剧。在舰艇声呐作用的整个区域，鲸类会停止发出声音和搜寻食物的行为，这意味着它们可能因为饥饿而死亡。声呐发出的较弱声音信号与北胆鼻鲸天敌发出的声音非常相似，正是由于这一原因，北胆鼻鲸会认为在附近有天敌活动，从而会改变自己的行为方式。而强烈的声呐，则无异于海底惊雷，鲸鱼等被扰乱而惊慌失措，横冲直撞，快速地浮出水面，从而引发体内失压，甚至造成搁浅死亡的悲剧。

声呐对海洋生物的影响

科学家称声呐发射的声波可能干扰鲸和海豚利用自身声呐捕食。海军的声呐还可能惊吓某些鲸类，特别是突吻鲸，促使它们冲出水面造成危险后果。

目前的政策要求海军当有海洋哺乳动物在附近时要关停声呐并采用其他手段来保护动物。

低频主动声呐技术比目前海军装备于多种潜艇和其他舰艇的中频主动

海豚对声呐的灵敏度很高

声呐技术更加先进。低频主动声呐目前只在美海军的两艘舰上使用，两艘均部署在西太平洋，联邦政府禁止它们在夏威夷群岛海域使用这种声呐。

在这种情况下，一方面海军发射水下声波用于感知水下目标，另一方面，低频主动声呐声波比其他声呐辐射的范围更广，环境保护主义者认为它对海洋哺乳动物有更大的危害。

环保人士批评低频声呐

2002 年 7 月 16 日，美国布什政府准许海军使用低频声呐探测敌军潜艇。此举引起一些海洋环境保护主义者的担忧，因为使用低频声呐可能导致鲸鱼搁浅或死亡。

美国商务部国家海产渔业局 15 日批准美国海军 5 年内不受海生哺乳动物保护法案的限制。环保组织称，这一"豁免权"将使海生哺乳动物遭到海军低频声呐的"骚扰"。

环境保护者的担心主要来自美国海军 2000 年 3 月在巴拿马群岛深水中进行的一次使用中程声呐探测潜水艇的演习。演习开始几小时后，至少有 16 头鲸鱼和 2 头海豚游在海滩上搁浅，其中 8 头鲸鱼死亡。科学家在它们的大脑和耳骨附近发现了由强烈声响导致的出血症状。

北约部队 1996 年在希腊利用低频声呐进行演习时，有 12 头鲸鱼在海滩上死亡，尸体在科学家研究之前就已腐烂。

低频声呐信号可传播数百千米，其频率与大鲸鱼互相交流时使用的信号频率相同。鲸鱼靠声音交流、喂食、交配及迁移，因此极易受低频声呐信号影响。海军透露，低频声呐的任何扬声器都可发出高达 215 分贝噪音，在水下相当于一架即将起飞的双引擎 F–15 战斗机附近的噪声水平。据环境保护者说，低频声呐 18 个扬声器声波集中后造成的影响更大，信号强度相当于 235 分贝。生物学家称，110 分贝以上的声波就可使鲸鱼烦躁不安，180 分贝的声波足以让鲸鱼的耳膜破裂。

美国渔业官员要求海军人员一旦发现海生哺乳动物及海龟即关掉低频声呐。海军称其将在距离海岸线至少 22 千米外以及重要生物区域外使用低频声呐。

监测船声呐危害海洋生物

美军监测船的高强度声呐，相当于一架波音 747 飞机起飞时的引擎声音，会严重威胁海洋生物的生存。2009 年 6 月，"无瑕号"、"胜利号"等美军舰艇频繁进入我国专属经济区，并使用高强度声呐，破坏了我国渔业资源，违反了国际法和"无公害通过"的基本原则。

"无瑕号"是美军海上补给司令部（MSC）执行特别使命的 25 艘舰艇之一，具体任务包括海洋和水道测量、水下监视、导弹追踪、声呐侦察、控制指挥、潜艇和特种战斗支持等。

"无瑕号"上部署了美军目前最先进的声呐系统，这种声呐系统也称拖曳式传感器阵列监视系统。该系统的探测装置分为两部分。一部分为"SURTASS（拖曳式阵列传感器系统）"，由被动声呐组成，被水平拖曳在船后，拖缆长达 1800 米，可以探知水下 150 ~ 450 米深度潜艇的方位和类型。另一部分被称为"SURTASSLFA（低频主动）"，是垂直悬挂在舰船下方的主动声呐阵列，用以对付被动声呐无法探知的极静潜艇。低频主动声呐系统使用高强度声波，可使数百千米外的海面下为之震荡。低频主动声呐虽可以探测到使用电池供电时极安静的柴电潜艇，同时却产生相当于一架波音 747 飞机起飞时的引擎声音，而这种声音正是美军监测船破坏海洋生态环境的罪魁祸首。

美国的"无瑕号"

石油开发造成的污染

石油污染

什么是石油污染

石油污染是石油及其产品在开采、炼制、贮运和使用过程中，进入海洋环境而造成的污染。特别是伊拉克战争中造成的海洋石油污染，不但严重破坏了波斯湾地区的生态环境，还造成洲际规模的大气污染。

海洋的石油污染

油品入海途径有：炼油厂含油废水经河流或直接注入海洋；油船漏油、排放和发生事故，使油品直接入海；海底油田在开采过程中的溢漏及井喷，使石油进入海洋水体；大气中的石油低分子沉降到海洋水域；海洋底层局部自然溢油。石油入海后即发生一系列复杂变化，包括扩散、蒸发、溶解、乳化、光化学氧化、微生物氧化、沉降、形成沥青球，以及沿着食物链转移等过程。

认识海洋石油污染

石油及其炼制品（汽油、煤油、柴油等）在开采、炼制、贮运和使用过程中进入海洋环境而造成的污染，是目前一种世界性的严重的海洋污染。

目前经由各种途径进入海洋的石油烃年约 600 万吨，排入中国沿海的石油烃年约 10 万吨。

海上石油污染主要发生在河口、港湾及近海水域，海上运油线和海底油田周围。

石油入海后的变化过程在时、空上虽有先后和大小的差异，但大多是交互进行的。

（1）扩散。入海石油首先在重力、惯性力、摩擦力和表面张力的作用下，在海洋表面迅速扩展成薄膜，进而在风浪和海流作用下被分割成大小不等的块状或带状油膜，随风漂移扩散。扩散是消除局部海域石油污染的主要过程。风是影响油在海面漂移的最主要因素，油的漂移速度大约为风速的 3/100。中国山东半岛沿岸发现的漂油，冬季在半岛北岸较多，春季在半岛的南岸较多，也主要是风的影响所致。石油中的氮、硫、氧等非烃组分是表面活性剂，能促进石油的扩散。

（2）蒸发。石油在扩散和漂移过程中，轻组分通过蒸发逸入大气，其速率随分子量、沸点、油膜表面积、厚度和海况而不同。含碳原子数小于 12 的烃在入海几小时内便大部分蒸发逸走，碳原子数在 12～20 的烃的蒸发要经过若干星期，碳原子数大于 20 的烃不易蒸发。蒸发作用是海洋油污染自然消失的一个重要因素。通过蒸发作用大约消除泄入海中石油总量的 1/4～1/3。

（3）氧化。海面油膜在光和微量元素的催化下发生自氧化和光化学氧化反应，氧化是石油化学降解的主要途径，其速率取决于石油烃的化学特性。扩散、蒸发和氧化过程在石油入海后的若干天内对水体石油的消失起重要作用，其中扩散速率高于自然分解速率。

（4）溶解。低分子烃和有些极性化合物还会溶入海水中。正链烷在水中的溶解度与其分子量成反比，芳烃的溶解度大于链烷。溶解作用和蒸发作用尽管都是低分子烃的效应，但它们对水环境的影响却不同。石油烃溶于海水中，易被海洋生物吸收而产生有害的影响。

（5）乳化。石油入海后，由于海流、涡流、潮汐和风浪的搅动，容易发生乳化作用。乳化有2种形式：油包水乳化和水包油乳化，前者较稳定，常聚成外观像冰淇淋状的块或球，较长期在水面上漂浮；后者较不稳定且易消失。油溢后如使用分散剂有助于水包油乳化的形成，加速海面油污的去除，也加速生物对石油的吸收。

（6）沉积。海面的石油经过蒸发和溶解后，形成致密的分散离子，聚合成沥青块，或吸附于其他颗粒物上，最后沉降于海底，或漂浮上海滩。在海流和海浪的作用下，沉入海底的石油或石油氧化产物，还可再上浮到海面，造成二次污染。

（7）海洋生物对石油烃的降解和吸收。微生物在降解石油烃方面起着重要的作用，烃类氧化菌广泛分布于海水和海底泥中（见石油烃的微生物降解）。海洋植物、海洋动物也能降解一些石油烃。浮游海藻和定生海藻可直接从海水中吸收或吸附溶解的石油烃类。海洋动物会摄食吸附有石油的颗粒物质，溶于水中的石油可通过消化道或鳃进入它们的体内。由于石油烃是脂溶性的，因此，海洋生物体内石油烃的含量一般随着脂肪的含量增大而增高。在清洁海水中，海洋动物体内积累的石油可以比较快地排出。迄今尚无证据表明石油烃能沿着食物链扩大。

石油泄入海后，从海中消失的速度及影响的范围，依入海的地点、油的数量和特性、油的回收和消油方法、海洋环境的因素而有很大的差异。如较高的水温有利于油的消失。实验证明，油从水中消失一半所需的时间，在温度为10℃时大约为45天；当水温升至18℃～20℃时，为20天；而在25℃～30℃时，降至7天。渗入沉积物的石油消除较难，所需时间要几个月至几年。

石油污染事故

2006年3月10日，在美国阿拉斯加州北部普拉德霍海湾地区发生一起重大石油泄漏事故，超过 1000 吨（共 6357 桶）原油从输油管中泄漏并污染了附近约 84 亩的苔原地带，这是该州北部海湾最严重的一次石油泄漏事故。这次事故造成了大批周围海洋生物死亡，附近的渔业损失近千万美元。

这只是无数次石油污染事故的一次，随着人类对于石油开发的不断增加，石油泄漏的途径与机会变得越来越多。海底油田开采泄漏、井喷以及向海洋排放含油的废水，大量的石油及其炼制品通过海上运输时油船事故，甚至像伊拉克战争那样不可预料的事件，都可能造成危害严重的石油污染事故。近

地图中白色的斑点为污染地区

年来，每年约有 600 万吨石油及其炼制品流入海洋，造成污染。

同时油轮失事和海上油田井喷等事故也是海洋石油污染的重要源头。近 20 年来，已发生多起超级油轮事故，如 1967 年 3 月"托利卡尼翁"号油轮在英吉利海峡触礁失事是一起严重的海洋石油污染事故。该轮触礁后，10 天内所载的 11.8 万吨原油除一小部分在轰炸沉船时燃烧掉外，其余全部流入海中，近 140 千米的海岸受到严重污染。受污海域有 25000 多只海鸟死亡，50%～90% 的鲱鱼卵不能孵化，幼鱼也濒于绝迹。为处理这起事故，英、法两国出动了 42 艘船，1400 多人，使用 10 万吨消油剂，两国为此损失 800 多万美元。相隔 11 年，1978 年超级油轮"阿莫戈·卡迪兹"号在法国西北部布列塔尼半岛布列斯特海湾触礁，22 万吨原油全部泄入海中，是又一次严重的油污染事故。

直至目前，最严重的海上油田井喷事故是墨西哥湾"Ixtoc–I"油井井喷，该井 1979 年 6 月发生井喷，一直到 1980 年 3 月 24 日才封住，共漏出原油 47.6 万吨，使墨西哥湾部分水域受到严重污染。

1999 年 12 月，在马耳他注册的"埃里卡"号油轮在法国西北部海域因遭

遇风暴而断裂沉没。2 万多吨重油泄入海中，导致该地区400 多千米的海岸线受到污染，引发严重生态灾难，对当地渔业、旅游业、制盐业等产业造成沉重打击，是法国遭遇的最严重泄漏石油污染海域事件。美联社说，"埃里卡"号石油泄漏引发大面积海域污染，约7.5 万只海鸟因此死亡。直到 2008 年 1 月

油轮泄漏　海鸥遭殃

16 日，法国巴黎轻罪法庭作出判决，法国石油工业巨头道达尔集团对"埃里卡"号油轮断裂沉没造成的严重污染负有责任，罚款37.5 万欧元。道达尔和其他 3 名被告还须向大约 100 名原告支付 1.92 亿欧元赔偿金。

2002 年 11 月 18 日，一只满身油污的海鸥在西班牙北部拉科鲁尼亚接受全身清理。在巴哈马群岛注册的"威望"号油轮 11 月 13 日在西班牙西北部加利西亚省海域搁浅后船体破裂，造成西班牙西北部海域严重污染。

从"威望"号泄漏的燃料油漂浮到加利西亚大区长达 250 千米的海岸上，海滩上积了厚厚一层燃料油，污染最严重的海域，泄漏的燃油有 38.1 厘米厚，一眼看去海面上一片黑，偶尔还可以在海滩上看到几只垂死的鸟。当地政府还下令封锁了事发地附近长达 128 千米的海域，禁止渔民出海打鱼，造成沿海 4000 名渔民因无法捕鱼而失业。由于数十万鸟类都在事发海域过冬，污染对在此地区生活和迁徙路经此地的鸟类造成长期的威胁。

荷兰一油轮撞堤泄漏污染

2005 年 7 月 6 日，在荷兰哈夫滕附近的瓦尔河中游

泳的鸭子浑身沾满石油。当日，一艘油轮与瓦尔河筑堤相撞，造成 30 多吨石油泄漏。

2007 年 12 月 7 日在韩国泰安郡附近海域发生油轮原油泄漏事故。当日，这艘在香港注册的油轮在韩国忠清南道泰安郡西北约 6 海里的

韩国原油泄漏事故

海域与一艘韩国船舶相撞，造成 1050 万升原油泄漏，周围至少 15 平方千米的海域受到污染。

12 月 25 日，韩国忠清南道泰安郡当地居民在海滩上发现一只已经死亡的海豚，海豚身上覆盖着泄漏的原油。

2007 年 11 月 10 日晚，亚速海和黑海突起风暴，当

原油泄漏杀死小海豚

时许多船只正排队通过刻赤海峡，由于预报不及时，不少船只没有能及时前往安全区域岛躲避，结果发生了创纪录的集体海难，共有 7 艘船沉没和搁浅。

风暴来袭时风速达到了 25 米/秒，海浪高达 4 ~ 5 米。第一起海难发生在 11 日凌晨，装载 4700 吨燃油的"伏尔加石油 139"号油轮断为两截，导致 2000 吨燃油流入海中。

11 日上午 10 时 25 分和 11

搁浅油轮发生断裂

被油浸泡的水鸟孤立无援

时 50 分，两艘货船先后沉没，它们共装载了 6000 多吨硫磺。接着，另一艘装着硫磺的货轮撞上第二起海难中沉没的货轮后也沉没。几乎与此同时，一艘土耳其和一艘格鲁吉亚货轮搁浅。同样在 11 时 50 分，另一艘装燃油的"伏尔加石油 123"号油轮船体出现裂缝，幸亏被及时拖入港口，没有造成另一起泄漏事故。

这次事故造成 3 人遇难，另有大约 20 人下落不明。

俄罗斯除了派出 3 架直升机和 26 艘船只搜索失踪人员外，还派出 500 多人在海上设置漂浮栏障，阻挡泄漏的燃油扩散。

俄罗斯南部克拉斯诺达尔边疆区靠近燃油泄漏事故发生地的海岸上，大约 3 万只鸟死亡，近 4 万只鸟被困在油污中。

克拉斯诺达尔边疆区行政长官说："漏油污染破坏巨大，损失还无法估算，这就是一场生态灾难。"

2009 年 3 月 11 日，一艘货轮在澳大利亚昆士兰州附近海域遭遇风暴，导致燃油泄漏，船上搭载的部分装有化学品的集装箱落入海中，造成澳大利亚东北部数十个观光海滩已被泄漏的燃油和化学品污染。周围养虾场均受不同程度污染，损失近千

惨死沙滩

游客观望被污染的海水

万美元。

2009 年 9 月 15 日，因受台风"巨爵"袭击，一艘巴拿马籍集装箱船在中国珠海高栏岛水域搁浅，根据船方自报泄漏燃油 50 吨。事发海域被迫封闭，数千条渔船受影响。

历数每次石油污染事故，对海洋造成的污染都是十分严重的。

石油进入海洋后，形成一片油膜，继而在风浪和海流的作用下分割成小块随风四散漂浮。在扩散与漂浮过程中，一部分原油蒸发进入大气层；一部分被氧化分解掉；还有一部分溶解进海水，这一部分容易被海洋生物吸收；第四部分形成沥青块沉入海底或附着在海滩、礁石上造成二次污染。石油污染对海

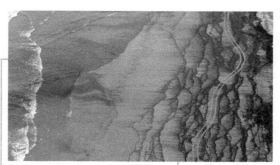

被污染的海滩

洋环境海洋生物危害极大，石油在海面上形成的油膜能阻碍大气与海水的交换；影响海面对电磁辐射的吸收、传递和反射；还会让风光旖旎的海滨沙滩满目疮痍，大煞风景。油膜减弱了太阳辐射进海水的能量，影响海洋植物的光合作用。被油膜玷污皮毛的海兽和海鸟，将失去保温、游泳、飞

被污染的珠海海滩

行的能力。石油还对海洋生物产生危害，它破坏细胞膜的正常结构和透性，干扰生物体的酶系，进而影响生物体正常的生理、生化过程。

石油污染对自然生态、对人类危害巨大，而目前人类对付石油污染的方法还十分有限，人类力争减少污染的机会。

大片海域受到污染

石油污染的危害

对水体的污染

石油及石油产品会严重污染人类赖以生存的土壤、水体以及空气，并产生严重后果。

据统计，每年通过各种渠道泄入海洋的石油和石油产品，约占全世界石油总产量的0.5%，倾注到海洋的石油量达200万~1000万吨，由于航运而排入海洋的石油污染物达160万~200万吨，其中1/3左右是油轮在海上发生事故导致石油泄漏造成的。我国海上各种溢油事故每年约发生500起，沿海地区海水含油量已超过国家规定的海水水质标准2~8倍，海洋石油污染十分严重。海洋石油污染危害是多方面的，如在水面形成油膜，阻碍了水体与大气之间的气体交换；油类黏附在鱼类、藻类和浮游生物上，致使海洋生物死亡，并破坏海鸟生活环境，导致海鸟死亡和种群数量下降。同时海面的油膜也会阻碍大气与海水的物质交换，影响海面对电磁辐射的吸收、传递和反射；两极地区海域冰面上的油膜，能增加对太阳能的吸收而加速冰层的融化，使海平面上升，并影响全球气候；海面及海水中的石油烃能溶解部分卤化烃等污染物，降低界面间的物质迁移转化率；破坏海滨风景区和海滨浴场。

随着石油的大规模勘探、开采，石油化工业的发展及其产品的广泛应用，石油及石油化工产品对于地下水的污染已成为不可忽视的问题。石油和石油化工产品，经常以非水相液体（NAPL）的形式污染土壤、含水层和地下水。当NAPL的密度大于水的密度时，污染物将穿过地表土壤及含水层到达隔水底板，即潜没在地下水中，并沿隔水底板横向扩展；当NAPL密度小于水的密度时，污染物的垂向移在地下水面受阻，而沿地下水面（主要在水的非饱和带）横向广泛扩展。NAPL可被孔隙介质长期束缚，其可溶性成分还会逐渐扩散至地下水中，从而成为一种持久性的污染源。

受污染的海滩

对生物的危害

海鸟身沾油污不能再飞翔

油膜使透入海水的太阳辐射减弱，从而影响海洋植物的光合作用；污染海兽的皮毛和海鸟的羽毛，溶解其中的油脂，使它们丧失保温、游泳或飞行的能力；干扰生物的摄食、繁殖、生长、行为和生物的趋化性等能力；使受污染海域个别生物种的丰度和分布发生变化，从而改变生物群落的种类组成；高浓度石油会降低微型藻类的固氮能力，阻碍其生长甚至导致其死亡；沉降于潮间带和浅海海底的石油，使一些动物幼虫、海藻孢子失去适宜的固着基质或降低固着能力；石油能渗入较高级的大米草和红树等植物体内，改变细胞的渗透性，甚至使其死亡；毒害海洋生物。

对水产业的影响

油污会改变某些鱼类的洄游路线；沾污渔网、养殖器材和渔获物；受污染的鱼、贝等海产品难以销售或不能食用。根据国家农业部和国家环保总局联合发布的《中国渔业生态环境状况公报》显示，石油污染每年对沿海渔业造成数十亿元的损失。

对人体健康的影响

发生在近海地区的石油污染和石油泄漏，会对沿海居民的人体健康造成很大影响，油气也可直接通过皮肤接触、呼吸等渠道进入人体，危害人体健康。受到影响的器官有肺、胃、肠、肾、中枢神经系统和造血系统。中枢神经系统症状有衰弱、嗜眠、眩晕、痉挛、昏迷。若一时吸入大量的汽油蒸气，立即会引起严重的中枢神经障碍，引起特殊震颤，皮肤变青，脉搏混乱等症状，特别严重时，反射停止，膀胱和直肠麻痹，最后心脏衰竭而死。吸入的汽油蒸气主要靠肺进行排泄，因此呼气中带有特殊的汽油味。汽油蒸气的气味人们是可以习惯的，但造成慢性中毒后，会有沉重感，头、手、足、四肢和关节刺激性疼痛、腹泻，继之导致神经炎、贫血、咳嗽等，也会有严重的视觉障碍。汽油中添加的有机金属化合物，也有神经毒害作用，有引起肺水肿、肺癌之类的危险。

吸入高浓度的石油类气体，会立即出现头痛、精神错乱、肌肉震颤、抽风等急性中毒症状；刺激呼吸道会引起剧裂咳嗽、呼吸困难；刺激消化道会出现恶心、呕吐、血压下降等症状，甚至死亡。许多石油类产品都会危害神经系统、呼吸系统、造血系统、皮肤和黏膜等，从而导致人体中毒。

其他污染

海洋垃圾污染

塑料垃圾

对海洋环境的破坏，还有日常生活里的塑料袋、油料包装袋、农药，以至香烟头等，绝不可低估它们的破坏力。

而海洋中的塑料垃圾主要有 3 个来源：①暴风雨把陆地上掩埋的塑料垃圾冲到大海里；②海运业中的少数人缺乏环境意识，将塑料垃圾倒入海中；③各种海损事故，货船在海上遇到风暴，甲板上的集装箱掉到海里，其中的塑料制品就会成为海上"流浪者"。

2008 年的海洋垃圾监测统计结果表明，人类海岸活动和娱乐活动，航运、捕鱼等海上活动是海滩垃圾的主要来源，分别占 57% 和 21%；人类海岸活动和娱乐活动，其他弃置物是海面漂浮垃圾的主要来源，分别占 57% 和 31%。

塑料垃圾的危害

塑料垃圾不仅会造成视觉污染，还可能威胁航行安全。废弃塑料会缠住船只的螺旋桨，特别是被称为"魔瓶"的各种塑料瓶，它们会毫不留情地损坏船身和机器，引起事故和停驶，给航运公司造成重大损失。但更可怕的是，塑料垃圾对海洋生态系统的健康有着致命的影响。

误把塑料袋当水母食用的海龟

海中最大的塑料垃圾是废弃的渔网，它们有的长达几千米，被渔民们称为"鬼网"。在洋流的作用下，这些鱼网绞在一起，成为海洋哺乳动物的"死亡陷阱"，它们每年都会缠住和淹死数千只海豹、海狮和海豚等。其他海洋生物则容易把一些塑料制品误当食物吞下，例如海龟就特别喜欢吃酷似水母的塑料袋；海鸟则偏爱旧打火机和牙刷，因为它们的形状很像小鱼，可是当它们想将这些东西吐出来返哺幼鸟时，弱小的幼鸟往往被噎死。塑料制品在动物体内无法消化和分解，误食后会引起胃部不适、行动异常、生育繁殖能力下降，甚至死亡。

总的来说，垃圾堆对海洋生物的威胁是很大的，会造成水体污染、水质恶化、海洋生物大量死亡、海洋生态系统被打乱等。

海洋垃圾带

人类所消耗的每一片塑料，都有可能流入大海。仅是太平洋上的海洋垃圾就已达 300 多万平方千米，超过了印度的国土面积，如果再不采取措施，海洋将无法负荷，而人类也将无法生存。

塑料袋、塑料瓶等塑料包装如今充斥着人类的生活，"白色污染"笼罩之下，塑料已被英国某媒体评为 20 世纪"最糟糕的发明"。

而今，塑料的触角已经从陆地伸向海洋，在太平洋上就形成了一个面积有得克萨斯州那么大的以塑料为主的"海洋垃圾带"（得州是美国内陆面积最大的一个州，约 70 万平方千米）。所以，当科学家提到"那个和得克萨斯州面积相当"的海上垃圾带时，很多美国人都不敢相信这是真的。

1. 塑料垃圾漩涡

在一项名为"捍卫我们的海洋"的活动中，一艘取名"希望"号的船只航行几大洋，科学家和来自世界各地的志愿者见证了海洋和居住在海洋中的生物正在面临的一场"垃圾危机"。"希望"号航程中历经的最大海洋"垃圾漩涡"之一，位于北太平洋亚热带海域，其中心位于美国西海岸和夏威夷之间、夏威夷群岛的东北方向上。这个触目惊心的垃圾漩涡就是"得克萨斯垃圾带"。这个"垃圾漩涡"，也成为海洋生态学家们研究最多的海上垃圾区域之一。参与这次活动的科学家亚当·沃特斯介绍说，夏季大部分时间

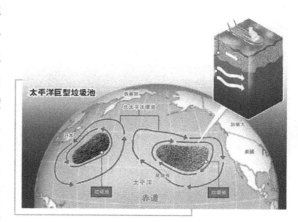

垃圾漩涡

里，这里都处于持续高压控制之下，由此在大洋表面形成了一个"平静区域"。

当整个太平洋的各个洋流以顺时针方向运转时，塑料垃圾途经这里，被卷入"平静区域"，便不再继续随洋流漂移，彻底"定居"下来。垃圾越聚越多，太平洋上的这一区域俨然已经变成了海洋垃圾大本营，小到塑料片，大到塑料筐、丢弃的轮胎、捕渔网，各色塑料等垃圾像被磁铁吸引一样来到这里。"（垃圾品种）简直应有尽有，从钓鱼工具比如渔网、浮子，到工人的安全帽，甚至还有鱼在安全帽里安家，另外还有笔、牙刷……基本上用塑料造的东西，都有可能在这儿找到。"亚当说。据估算，"垃圾漩涡"区域的漂浮垃圾估计多达上亿吨，以塑料为主，还包括玻璃、金属、纸等。也许很多人认为这简直难以置信，这些垃圾从哪里来？怎么可能形成那么大的面积？

2. 海洋生物的"沉默杀手"

　　每年，仅塑料，全世界大约就会制造 1.3 亿吨，其中仅有很小的比例能够得到循环再利用，大部分废弃的塑料垃圾去了哪里？多数都被垃圾掩埋解决掉了，但还有一部分则选择了大海作为"最后的归宿"。海滩垃圾、捕鱼船丢弃物等等，都是海洋垃圾的直接来源，而人类在街边见到的某个塑料瓶、工厂排放出来的工业废物……这些都可能是海洋垃圾的间接来源。每当下雨时，尤其是暴雨冲刷后，各种各样的垃圾从四处进入雨水排水道或者河流中，最终抵达海洋。塑料的持久耐用，原本是其得以广泛应用的招牌特性，但反过来，当塑料泛滥成灾时，它的"顽固不化"却成了海洋挥之不去的梦魇——废弃塑料可在海洋生态系统中游荡几十年甚至更久。

　　美国阿尔加利塔海洋研究基金会的海洋研究船"阿尔加利塔"号曾于 2004 年在太平洋进行科学考察。"每天，当我来到甲板上，我都能看到那些漂浮在海洋上的东西：牙刷、瓶塞、小香皂瓶。"海洋学家兼船长查尔斯·摩尔不得不慨叹，在远离陆地近 2000 千米的遥远大洋上，也仍然不能逃离"人类文明带来的种种令人不安的迹象"。当塑料在海洋漩涡中旋转旅行，所到之处，贻害无穷。那些被捕鱼船遗落在大海上的渔网，绰号"幽灵网"，会使数以千计的海洋生物被缠绕束缚或窒息而死。

　　在光照、风吹和洋流作用下，很多塑料垃圾老化被分解为更小块，这时，海洋生物会把这些小块塑料误当作食物吞食。

　　从大块头的鲸到不起眼的浮游生物，因为误吞塑料，积聚在消化道中窒息丧命的比比皆是。据查尔斯·摩尔研究测算，在"垃圾漩涡"海域，每 1 千克的浮游生物平

渔网和各种垃圾

均要"分摊"到 6 千克的塑料垃圾。考虑到浮游生物是许多其他海洋动物的食物，因此可以这么推算，假如捕食的海洋动物"眉毛胡子一把抓"，它们每吞进 1 千克的浮游生物，就会同时误食大约 6 千克的塑料垃圾。即便顺利通过了消化道，有不少生物也会因为吞了一肚子"伪食物"，获取不到所需的营养而被活活饿死。海洋学家们称，黑背信天翁很多都是这样死去的。

不可知的后果

塑料对海洋生物的影响"深不可测"。摩尔在他的实验室中发现，从大洋垃圾带中带回来的水母体内，塑料已经"安家"，成为它身体的一部分。"这些塑料对海洋生物有毒吗？或者更进一步地问，假如我吃了误食塑料的海鱼，对我会有毒吗？"亚当说，类似这样的问题对于科学家们来说，也不知道如何作答。"塑料进入人类的生活已有数十年，人类对它十分了解，但是，至于塑料对海洋生物的影响，只是近几年才引起人们的关注"。美国著名海洋保护团体"海洋管理协会"自 1986 年起，每年都在 9 月 15 日举行"国际海岸清理"活动，迄今，世界各地的志愿者清理出来的海岸垃圾总共已经超过 1 亿磅（1 磅 = 0.4536 千克）。可以想象，那些离岸漂向大洋深处的垃圾更是数目惊人。海上垃圾带的问题已经不仅仅局限于太平洋。

海洋学家们说，从理论上讲，所有大洋都会出现类似的垃圾汇集带。例如，北大西洋上的"马尾藻"海域，就是一个类似的"平静区域"，正汇聚越来越多的垃圾。面对这样触目惊心的景象，人类该做何处理？打捞海上垃圾当然是当务之急。但更重要的是，切断海洋污染源。"我们眼下必须要着手做的是防止陆地垃圾再向海洋灌输。"亚当说。据联合国环境规划署估计，80% 的海洋塑料垃圾"追本溯源"都来自陆地。而陆地垃圾也源自不同的渠道，这就需要从多角度、多层次入手，防止垃圾流向海洋。

地中海位于亚、非、欧三大洲之间，是世界最大的内陆海。那里曾是人类文明的发祥地之一，因风光旖旎而闻名于世。然而，眼下这片美丽的水域正在经历着越来越严重的污染。

2007 年 9 月，绿色和平组织和西班牙一个海洋研究机构联合公布的调查报告显示，在地中海每立方米的水中，垃圾竟多达 33 种。在污染最为严

地中海岸边的垃圾

重的水域，每升海水的碳氢化合物含量已高达 10 克以上。此外，每年有 40 万吨石油等废弃液体被排放进地中海，使地中海蔚蓝色的水域正在沦为"海洋垃圾场"。报告显示，地中海海底的垃圾主要包括塑料瓶、金属盘子、渔具、高尔夫球、牙刷和刀叉等。对此，绿色和平组织负责人马里奥·罗德里格兹指出："毫无疑问，是人类把这些垃圾丢进海洋的。"他说，可怕的是，这些垃圾在海底至少要经过 450 年才能被分解掉。这将对地中海的海洋生态和周边环境造成持久性的破坏。

海洋生态科学家指出，无节制的人类活动是造成地中海海水污染的重要原因之一。地中海作为内陆海，风和浪缓，拥有众多天然良港，自古以来海上贸易就十分发达。作为世界三大洲的交通枢纽和往来于大西洋、印度洋、太平洋三大洋之间的捷径，地中海注定要成为全球运输最繁忙的海路。

现在，地中海地区生活着 1.5 亿以上的居民，每年还有 2 亿多的游客光顾这里。同时，现在每天有 2500 多艘各种货船在地中海航行，西欧进口的石油约有 85% 是取道地中海运送的。

巴塞罗那大学生态学教授琼·罗斯认为，人口的密集、商业的兴盛、航运的繁忙使地中海"不堪重负"，而工业废品和生活垃圾的肆意倾倒等更使地中海脏乱不堪，生态环境受到致命的破坏。他指出，地中海每千米海底残留有人类活动产生的 1900 多种垃圾。经过化验，甚至发现从地中海中捕捞出来的鱼类和海产品都遭到了污染，尤其是一些海域的金枪鱼和剑鱼由于长期受到污染，体内已含有对人体有毒的物质。

此外，德国一些科学家还指出，地中海位于全球风流的交汇口，导致它的上空经常聚集着大量的污染物。因此，空气污染也是致使地中海生态恶化和环境污染越来越严重的原因之一。

研究发现，地中海的二氧化碳和悬浮颗粒物质等几种关键性污染物指数大大超标，是世界其他地区的 3 ~ 10 倍。这对地中海的环境无疑是雪上加霜。有鉴于此，有识之士强调，地中海已成为世界上最脏的海洋，拯救地中海的工作已经迫在眉睫，刻不容缓。

核 污 染

核污染是指由于各种原因产生核泄漏甚至核爆炸而引起的放射性污染。其危害范围大，对周围生物破坏极为严重，持续时期长，事后处理危险复杂。如 1986 年 4 月，苏联切尔诺贝利核电站发生核泄漏事故，13 万人被疏散，经济损失达 150 亿美元。

原子弹、氢弹在爆炸时会产生极高的温度和穿透性

切尔诺贝利核电站发生核泄露

很强的辐射，为人类带来巨大的灾难。核污染并不是核爆时产生的瞬间核辐射直接造成的破坏，而是指爆炸时产生的大量放射性核素所带来的影响，即剩余核辐射对人的危害。

核爆炸产生的放射性核素可以对周围产生很强的辐射，形成核污染。放射性沉降物还可以通过食物链进入人体，在体内达到一定剂量时就会产生有害作用。人会出现头晕、头疼、食欲不振等症状，发展下去会出现白细胞和血小板减少等症状。如果超剂量的放射性物质长期作用于人体，就能使人患上肿瘤、白血病及遗传障碍。

放射性物质不仅沉降在爆炸点附近，还能飘落到非常遥远的地方，而且它对环境的辐射污染时间相当长，几千年甚至上万年都不会消失。

20 世纪 70 年代，法国在阿尔及利亚和法属波利尼西亚进行的海上核试

83

验，致使大约 15 万名平民和军人遭受核辐射。核试验中心 5 千米以内的鱼类和海洋生物全部死亡。50 平方千米的海洋面积受到严重的核污染，大量鱼类和海洋生物受辐射影响产生变异。

海上核试验

度假地遭核污染

2005 年 3 月英国王室一直钟爱的度假胜地附近的海域也难逃厄运，被核废料污染。

苏格兰梅城堡

英国王储查尔斯和夫人卡米拉经常前往英国王太后（即伊丽莎白二世的母亲）在苏格兰的梅城堡度假。梅城堡依海而建，景色宜人，是查尔斯和卡米拉所钟爱的度假胜地。然而，当地环境保护机构调查发现，梅城堡已非"净土"，附近海域已经被核废料污染。梅城堡被污染与一个名叫开斯奈斯郡的地方有关系，开斯奈斯郡建有敦雷核电站，后来被关闭。据其内部研究人员检举，该电站秘密向附近海域倾倒核废料。联合国原子能管理局也确定该核电站附近海域漂浮着核物质颗粒，而已经沉入海底的核废料数量还不能确定。

当地一名居民向环境保护部门提供线索，称在其附近海域发现 500 多粒拇指大小的核物质。测试发现，该物质已经被铯－137 污染。由此可以判定，梅城堡附近的海域已经受到核废料严重污染，从而将之前敦雷研究站的核废料污染范围扩大。

铯－137 是核燃料的组成部分。如果这种物质暴露在外，对人体健康将会产生极大危害，长期暴露之下，会引发癌症，也可能会对人的生育能力产生影响。

重大事故污染

2000 年 8 月 12 日，俄罗斯海军北方舰队"库尔斯克"号核潜艇在巴伦支海域参加军事演习时失事沉没，艇上 118 名官兵全部遇难。这是俄罗斯历史上伤亡最惨重的潜艇事故。大量核燃料泄漏，对所在海域构成放射性污染。

"库尔斯克"号核潜艇残骸

2003 年 8 月 30 日，俄罗斯海军北方舰队"K—159"号退役核潜艇在被拖往修船厂拆卸途中，因遭遇风暴沉没，艇上载有 10 人，仅 1 人获救。部分放射性物质泄漏。

英国的核潜艇

2004 年 11 月 14 日，停靠在太平洋维尔尤金斯克军事基地的俄罗斯"K—223"号核潜艇发生局部爆炸，造成 1 人死亡、2 人受伤。大量核燃料直接流入海中。

2005 年 8 月 4 日，俄罗斯一艘 AS—28 小型潜艇在堪察加半岛附近海域执行任务时发生故障，被困于水下190米深处。当月7日，它在英国无人驾驶深水装置"天蝎"的救助下浮出水面，艇上7人全部生还。但有部分放射性物质泄漏。

2009年2月，法国和英国的核潜艇在大西洋发生相撞事故，国际环保组织认为这次相撞，发生了严重的核泄漏事故。

战争中的污染

1991年初爆发的海湾战争，是第二次世界大战结束后，最现代化的一场激烈战争。战争双方伤亡人数并不多，但消耗的物资却是惊人的，特别是石油资源遭到人类有史以来最大的破坏，这场战争毁掉5000多万吨石油。在海湾战争期间，有700余口油井起火，每小时喷出1900吨二氧化硫等污染

不幸在油海中丧生的海鸟

物质飘到数千千米外的喜马拉雅山南坡、克什米尔河谷一带，造成了全球性污染，并造成地中海、整个海湾地区以及伊朗部分地区降"石油雨"，严重影响和危害人体健康。

而此次战争中流入海洋的石油所造成的污染和破坏更是惊人。据估计，1990年8月2日至1991年2月28日海湾战争期间，先后泄入海湾的石油达150万吨。1991年多国部队对伊拉克空袭后，科威特油田到处起火。1月22日科威特南部的瓦夫腊油田被炸，浓烟蔽日，原油顺海岸流入波斯湾。随后，伊拉克占领的科威特米纳艾哈麦迪开闸放油入海。科威特南部的输油管也到处破裂，原油滔滔入海。1月25日，科威特接近沙特的海面上形成长16千米、宽3千米的油带，以24千米/天的速度向南扩展，部分油膜起火燃烧，黑烟遮没阳光，伊朗南部降下黏糊糊的黑雨。至2月2日，油膜展

海鸟沾上油污后艰难地飞翔

宽 16 千米、长 90 千米，逼近巴林，危及沙特。最后导致沙特阿拉伯的捕鱼作业完全停止，这一海域的生物群落受到严重威胁。更为严重的是浮油层已对海岸边一些海水淡化厂造成污染，以淡化海水作为生活用水的沙特阿拉伯面临淡水供应的困难。这次海湾战争酿成的油污染事件，使波斯湾的海鸟身上沾满了石油，无法飞行，只能在海滩和岩石上待以毙命。其他海洋生物也未能逃过这场灾难，鲸、海豚、海龟、虾蟹以及各种鱼类都被毒死或窒息而死，成为这场战争的最大受害者。

海湾战争结束后，一些环保专家表示，要完全消除由海湾战争引发的 5000 万吨石油对海湾地区和全球的影响，不仅代价将高昂，而且所需的时间也较为漫长。

战火加剧海洋污染

2006 年 7 月，以色列对黎巴嫩开始了新的空中打击，黎巴嫩这个拥有海滩和积雪覆盖的山脉的地中海国家，因遭受以色列轰炸而导致的石油泄漏引发了一场黎巴嫩历史上最为严重的环境灾难。濒危海龟在孵化后不久就因受到燃油污染的海水死亡；死鱼漂浮在海岸；燃烧的石油所产生的滚滚黑烟飘向城市。但在交战双方停火以前，清污行动不能开展。

联合国环境官员指出，对污染问题不加以控制的时间越久，其持续的破坏性就越大。自以色列同黎巴嫩真主党开战以来，世界的注意力一直集中在数以百计的平民的伤亡上，而环境破坏只吸引了人们些许的注意力，但专家指出，石油泄漏污染的长期环境影响有可能是破坏性的。石油污染带进一步扩散。在以色列战机两次轰炸了位于黎巴嫩首都贝鲁特南部 12 英

87

黎巴嫩首都贝鲁特的海滩被严重污染

里（1 英里＝1.6093 千米）的吉耶赫电厂之后，电厂储油罐遭到破坏，大约 1 万吨重油泄漏进入地中海，形成了一个方圆 50 英里的浮油层。以色列海军的封锁和持续的军事行动使清除油污的行动成为不可能。

联合国环境规划署（UNEP）执行主任阿基姆·施泰纳说："污染的直接影响可能是严重的，但我们不能立即对其进行评估。对泄漏的石油不进行清理的时间越长，其清理就越困难。"黎巴嫩环境部长亚各布·沙拉夫说，石油污染带已经开始向地中海漂流并扩散至邻国

叙利亚，塞浦路斯、土耳其甚至希腊都有可能受到影响。他指责以色列战机"故意轰炸距离海边最近的储油罐"，并破坏了护坡道。护坡道是设计用来防止破裂的储油罐的油流入海洋的。"面向黎巴嫩海岸线的整个海洋生态系统可能已经被破坏，现在东地中海的所有海洋生物都危如累卵。"沙拉夫说。但以色列环境事务部拒绝对此发表评论。来自 UNEP 的最新消息称，欧盟"联合研究中心"的卫星图像显示，吉耶赫发电厂遭轰炸漏油后，不仅黎巴嫩沿海已有 80 千米被石油污染，而且污染已经从黎巴嫩扩散到叙利亚海域，这里有 10 千米沿海区域遭污染，并在继续向北蔓延。

对此，UNEP 执行主任施泰纳指出，必须迅速采取协调行动控制油污的继续扩散，以便将其对环境的短期和长期伤害控制在最小的范围内。叙利亚环境部长已经致函 UNEP – 地中海行动计划，请求立即派出专业清污公司的人员帮助叙利亚控制其领海内的燃油污染，并派出评估组对这次油污造成的损害进行评估。UNEP – 地中海行动计划请塞浦路斯政府启动了一个预测模式，对本次东地中海污染的扩散动态进行预测。预测初步结果显示，

黎巴嫩首都贝鲁特附近的海滩上

这次所泄漏燃油的80%将停留在黎巴嫩沿海及附近，另外20%将挥发掉。另据国际海事组织（IMO）发布的最新消息称，泄漏的石油已经污染了黎巴嫩1/3的海岸线，另有约2.5万吨的重油还有可能泄漏。战火延误清污行动。黎巴嫩的国旗上有一棵雪松，并因其拥有林木丛生的山脉而被称为"绿色黎巴嫩"，它是阿拉伯国家中十分注意污染控制的少数国家之一。在这里，使用柴油发动机的小型公共汽车已经被禁止，而工厂则被命令遵守严格的环保法规。但现在，这个国家多沙、多岩石的海滩的大部分都被一层厚厚的黑色石油覆盖了，而在以前，这里每年都要接待成千上万的观光者。

许多渔民被迫歇业，人们对吃鱼也日益恐惧。第一个提供帮助的国家是科威特，但是3卡车清理污染的援助物资在贝鲁特受阻。在清污工作开始前，援助人员只能等待战火停止。沙拉夫说："我们不能进入黎巴嫩水域开展工作，这意味着我们已经耽误了10余天时间。而对于石油污染来说，10天就像是1个世纪。"当地环保组织呼吁双方尽快停火，以便使清污工作能尽快开展。沙拉夫估计清理黎巴嫩海岸线油污将花费3000万~5000万美元，而完成全部清污工作的花费将10倍于此。乐观的估计是，清理海岸线油污将至少需要6个月时间，而使东地中海海洋生态系统恢复到遭受破坏前的状态则需要长达10年

海滩被污染

89

时间。

　　沙拉夫将此次污染同 2002 年法国"威望"号油轮漏油污染事件联系起来。在那次事件中，其运载的 7.7 万吨石油泄漏了 80％，严重破坏了西班牙北部海岸环境，使西班牙付出了沉重代价。但由于燃烧的油罐以及无能为力的清污人员，他认为这次事件要更加复杂。他说，黎巴嫩"正面临一个棘手得多的问题。想象一下你有孩子病了，你知道他病了，但在你开始给他治疗前，你却不能带他去看医生进行检查、了解他得的是什么病。这就是我们所面临的局面"。

核电站事故污染海岛

　　1979 年 3 月 28 日凌晨 4 时，美国宾夕法尼亚州的三里岛核电站第 2 组反应堆的操作室里，红灯闪亮，汽笛报警，涡轮机停转，堆心压力和温度骤然升高，2 小时后，大量放射性物质溢出。6 天以后，堆心温度才开始下降，蒸气泡消失——引起氢爆炸的威胁免除了。100 吨铀燃料虽然没有熔化，但有 60％ 的铀棒受到损坏，反应堆最终陷于瘫痪。

　　事故发生后，全美震惊，电站周围 80 千米范围内均受到核辐射影响，核电站附近的居民惊恐不安，人们担心核电站周围受辐射的海鸟和海洋生物会影响到自身的生命安全，致使大约 20 万人撤出这一地区。

海洋污染防治

治理船舶污染的措施

海洋不仅是天然宝库，也为大量运输货物提供最经济的途径。海上运输是各国人民文化交流的重要手段，同时也是天然的交通大道，随着工业技术极大发展以及人口的快速增长，海上货运量逐年大幅度增长，船舶的吨位和尺度也在不断地增加。但随之而出现的问题也越来越引起我们的重视，即海洋污染问题。船舶在营运过程中，不可避免的直接或间接地把一些物质或能量引入海洋环境以至产生了损害资源，危害人类健康，妨碍包括渔业资源在内的各种海洋活动，造成了海洋污染。船舶造成的污染有以下几个特征：

（1）船舶污染物质的多样性。船舶排放的物质有油类、毒性有害物质、船舶垃圾、船上生活废水、噪音等。其中主要的是油类物质，来自船舶任意或意外排放。

（2）船舶污染具有流动性，无国界性。海水的流动性、船舶的移动性决定了由船舶进入海洋的污染物不可能局限在或固定在某一点而静止不动。一次污染可能会波及多个国家，给污染的治理造成诸多不便。

（3）船舶污染是一种特殊的海上侵权行为，属于环境侵权行为。污染物质进入海洋是由于人为因素而不是自然因素，也就是说污染行为在主观上表现为人的故意或过失（如洗舱污水、机舱污水未经处理排入海洋）。在这种侵权行为关系中，与船舶污染有关的人为侵权人，包括船舶所有人、经营人、承租人和对环境污染事件负有直接责任的人员；污染受害人为沿海国家、当地政府、居民、渔民和企业。

（4）船舶污染危害性强，范围广。船舶污染使海洋水质受到损害，海洋生物的栖息环境遭到破坏，严重影响海洋本身的调整功能，给海洋生态环境、海洋生物资源、海洋渔业生产等带来严重危害，从而影响到全球生态平衡，严重威胁人类的生存环境。

对于船舶污染的治理，应采取以下措施：

（1）加强我国船舶污染防治立法，建立和完善我国的海洋环境法体系，坚持船舶污染防治立法和我国整个环境法律体系（特别是海洋环境法律体系）的统一性，正确处理船舶污染防治立法与相关海洋环境法的共性和特性关系，坚持在全面系统审查现有船舶污染防治立法的基础上进行必要的修改和补充，将重点立法与一般立法结合起来，完善海上船舶污染防治立法的同时制定全国性的内陆水域船舶污染防治法规。在加强国内船舶污染防治立法的同时，学习和借鉴外国船舶污染防治立法的先进经验和行之有效的管理办法，采用各国通行的船舶污染防治和海洋环境保护制度与措施，并根据实际需要，尽可能地参加有关公约，应尽力与国际接轨，将国际公约具体化、国内化。国际条约是现代国际法的重要表现形式，在国际关系中，国家依国际条约承担了国际义务，就有责任使其国内法与其国际义务保持一致，因此，依据有关国际公约对海洋环境保护法做出修订是完全必要的。21世纪是海洋事业大发展的时代，这就要求我们必须从战略的高度，重视海洋、善待海洋。修订法的实施，不仅完善了我国在海洋环境保护方面的立法，而且对强化海洋环境管理、进一步保护和改善海洋环境，保护生态平衡，促进我国经济和社会持续发展起重要作用。

（2）进一步提高海洋环境保护意识，尽量减少或避免人为因素造成的污染。针对操作性船舶污染，加强宣传教育，使广大船员充分认识污染海域的危害性，帮助他们了解防止污染、保护海洋环境的重大意义，增强防污意识。加大处罚力度，对违章操作带来严重污染或屡教不改的船舶，对其采取处罚措施，加强对水域污染情况的监督检查，努力将海域污染降到最低限度。严格贯彻落实有关防止船舶污染的法律法规，并根据有关国际公约的要求，提高管理标准，改善船舶防污设备的配置，使船舶具有较强的处理废弃物的能力。各类船舶均应按规定装备油水分离装置，港口建设含油污水接收处理设施和应急器材。同时要加大舆论宣传力度，增强全民环境保护意识，激发民众对海洋环境保护工作参与热情，发挥群众的监督作用，争取社会各界对海洋环境保护工作的关注与支持，只有思想上引起重视，才是彻底根除海洋污染的最有效的前提。

海洋石油泄漏的应对

　　海洋石油泄漏事故来势凶猛，危害严重。处理这种事故，尚未有完全有效的方法。现在人们通常采用物理法、化学法和生物法来清除海洋石油污染。物理法包括拦截撇捞法、吸附法；化学法包括燃烧法和化学分散法；生物法目前使用的是微生物吞食处理法。

清洗污染的海鸟

　　（1）拦截撇捞法。这种办法在石油泄漏的初期最为有效。它能使石油在水面扩散之前，尚未形成油水胶冻体时，把零浮在水面上的石油捞上来。当重大石油泄漏事故发生后，立即用长达数百米或上千米的栅栏截成防护圈，水面漂浮边缘可充分膨胀，形成一道水上屏障，防止石油扩散蔓延，再辅以一种只吸油不吸水的网具将聚集在防护圈边缘的石油吸取上来，用轧液机挤出后收集。但是，这种方法在遇到狂风恶浪的天气，或者出事地点地势复杂时，就很难奏效了。

　　（2）吸附法。这种方法是采用高性能的吸油剂来吸附海面上的石油，

拦截泄漏石油

然后将吸油剂收集清理，以达到清除海上油污的目的。目前，科学家用稻壳制成一种称为 ASSW 的活性碳吸油剂，该吸油剂不需要用中和油制的化学制品，成本只有其他吸油剂的 1/10。经实验，1 千克的 ASSW 能吸附 6.8 千克的油和水，而且对海洋不会造成二次污染。

（3）燃烧法。这种方法简便易行，只需点一把火即可。但该法只能清除石油中的可燃部分，海水中将会留下更难以处理的石油残留黏稠物质，并且燃烧时，产生的烟雾也会造成环境污染。

（4）化学分散法。这种方法采用的分散剂是由溶剂和表面活性剂组成。溶剂是表面活性剂的载体，同时也能扩散石油。表面活性剂则能将石油分解成易被海洋微生物吞食的液滴。这些小液滴被潮水冲散后，分布在 1 米左右深的海水中，然后被海洋微生物吞食。但该法在清除海上油污时也会对鱼类等海洋生物造成二次污染，并且它的处理速度较慢。

（5）微生物吞食法。这种方法是人工培养的石油清污微生物。将这些微生物大量抛散在石油污染水域来迅速吞食泄漏出来的石油。这种方法尚不成熟：①为了激活这些微生物去吞食石油，需要在抛散微生物的同时，加入大量的氧、氮、磷酸盐；②只适用于小面积污染区和被拦截的污染区域，否则这些微生物将如同脱缰野马，很难控制，造成严重后果。

石油污染生物修复技术

目前处理石油污染废水的生物技术主要包括活性污泥法、氧化沟法、生物膜法等。

（1）活性污泥法是借助曝气或者机械搅拌，使活性污泥均匀分布于曝气池内，微生物壁外的黏液将污水中的污染物吸附，并在酶的作用下对有机物进行新陈代谢转化。自20世纪80年代，石油废水普遍采用的二级生物治理方法是传统活性污泥法。采用SBR法处理油田采出水，结果表明，COD去除率为80%~90%；出水满足行业的排放标准。通过研究SBR以及投菌SBR法处理炼油废水中污染物的效果，实验结果表明，废水中各种污染物的去除率分别为：COD93.5%、石油类98.6%、总氮89.8%。SBR工艺是一种新型的高效废水处理技术，是对传统活性污泥法的改进。该方法具有固液分离效果好、工艺简单、占地少、建设费用低、耐冲击负荷强、温度影响小、活性污泥状态良好、处理能力强等优点，是处理石油废水的一种具有前景的处理方法。

（2）氧化沟法对各种含高COD、BOD、油类等有机废水的深度处理十分有效。它的曝气池呈封闭、环状跑道式，污水和活性污泥以及各种微生物混合在沟渠中作循环流动。氧化沟法在处理含油废水方面应用实例比较多，但是其处理效果没有达到处理要求。有很多企业都采用了氧化沟工艺，其处理出水水质与进水水质有关，只有确保一定的进水水质时，出水才会达到理想的处理效果。专家们根据工艺原理分析了氧化沟不能取得理想处理效果的原因，提出了很多的改善对策。在氧化沟现有处理能力和工艺特色的基础上，有人探索出了一套投菌氧化沟曝气的处理方案，实验结果表明，在相同的水力停留时间等条件下，可以将去除率提高10%左右，如果要得到相同的去除率可以大大缩短水力停留时间，且出水COD值可以更低。与活性污泥法相比，氧化沟具有很多优点：工艺简单；不仅可以去除BOD和SS，还可以达到脱氮除磷的效果；设备少，操作管理简便；低温，有更

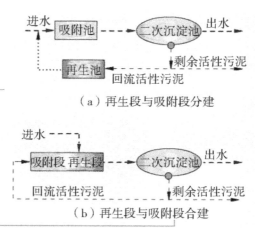

（a）再生段与吸附段分建

（b）再生段与吸附段合建

活性污泥法

大适应性等。氧化沟是活性污泥法的发展，但是只有满足工艺要求时，才能发挥去污效果。

（3）目前应用较广泛的生物膜法主要包括生物转盘、生物流化床、接触氧化法和膜生物反应器等。①生物转盘是利用较大的比表面积，在低能耗的条件下转动产生高效曝气，使得氧气、水和膜之间有较好的接触。盘片表面附着的膜状微生物在其

氧化沟处理厂

新陈代谢的过程中对有机污染物进行无害化降解。曹明伟利用环境微生物技术，开发出高温优势菌生物膜法处理采油废水，实验结果表明：硫化物的平均去除率达98%；挥发酚的平均去除率为91%；COD平均去除率为68%；氨氮平均去除率为82%。②生物流化床处理技术是借助流体使表面生长着微生物的固体颗粒呈流态化，同时进行去除和降解有机物的生物膜法处理技术。影响其处理效果的因素有载体的选择、菌种的筛选等。崔俊华等在"三套"工艺的基础上添加了三相生物流化床部分，且采取了高效油降解菌以及漂浮和悬浮填料并用的措施，使出水油浓度降为3.5～4.9毫克/升，为一种被广泛采用并逐渐成熟的生物深化处理技术。龚争辉应用接触氧化工艺对采油废水进行了现场的实验研究，废水中的COD和油的去除率分别为42.2%和89.3%，最后出水能达到排放标准。③接触氧化法除了可以降低COD，还可以用于去除氨氮，尤其适合应用于炼油废水的净化。庞金钊的实验结果表明，用接触氧化法工艺处理COD≤500毫克/升的石油废

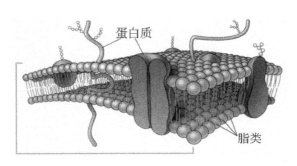

蛋白质

脂类

生物膜

水时，硝化细菌是优势菌，能同时有效去除氨氮和 COD 等。接触氧化法可以克服活性污泥法容易污泥膨胀和超标排放的缺点，具有有机负荷高、抗冲击能力强、对废水中的毒物忍耐力较大等优点，而且对氨氮也有较好的去除效果。接触氧化法多用于深度处理含油废水，其技术关键在于对进水可生化性的控制。

石油污染的防治对策

海洋石油污染作为一种环境公害，引起了全世界的密切关注，防治海洋石油污染已经刻不容缓。据统计，进入海洋环境的石油中，自然溢流约占 8%，其余的 92% 则是人类活动造成的。因此治理海洋石油污染应从人文方面入手，寻找解决措施。

（1）提高环保意识，保护海洋。

海洋孕育了地球上丰富的生命，为地球生命的发展提供了广阔空间。但随着社会的发展，人们竟把海洋当作天然的垃圾倾倒场所，致使大量的废水、废气、废渣排放入海。海洋的自净能力毕竟有限，如果人类对海洋的污染超过了海洋自净能力，海洋污染必将对整个地球产生毁灭性的影响。我国拥有长约 32 万千米的海岸线、38.8 万平方千米的领海和近300 万平方千米的管辖海域，这些是我国可持续发展的重要资源。但据我国海岸带与滩涂资源的综合调查，进入我国近岸海域的污染物总量为650 万吨/年，其中石油为18 万吨/年，我国的石油污染表现出越来越严重的趋势。因此，必须提高人们的环境素质，改变人们受石油利益的驱使而把海洋作为天然垃圾场的传统理念，充分认识到对海洋环境的破坏不仅是危害某一海区，而是最终影响到整

保护海洋

个全球的行为。

（2）加强立法监督，加大执法力度。

我国针对海洋石油污染的专项法律还很少，法律体系不健全。《海洋环境保护法》中关于海洋石油污染的原则性条款很难正确运用，所处罚的只是后果，很少考虑海洋环境的生态价值。所以，我国要进一步制订《石油法》、《石油污染法》等法律，加大执法力度，及早在刑法中确立"污染海洋罪"是非常必要的。从全球来看，各国在遵守《联合国海洋法公约》及

海洋执法

其他国际法规的前提下，应依据本国国情，加快制订和实行海洋石油污染的专项法律，尽快批准《国际油污防备、反应和合作公约》，加大对石油污染的监督治理力度，加强对油轮的管理和对船员的培训；国际社会对造成海域和公海石油污染的单位、组织、国家等应进行严肃处理，同时，应加强国际合作，共同治理海洋石油污染。

（3）实行综合治理，加强技术研究。

对海洋石油污染综合治理应包括石油勘探、开采、运输、加工、贮存、使用、污染治理各个环节，同时还要进行新能源的开发研究，尽量减少石油的使用。国家之间、国家内部不同生产部门和科研院所之

双壳油轮

间的密切合作、协同攻关，提高石油的勘探、开采、运输等综合治理的技术，

并努力改进生产工艺，提高石油的生产和使用效率，对工业排放进行无害化处理，实现在环境治理中发展。石油运输部门要定期对运输设备进行检查，严格实行油轮使用期限制度；在运输设备上逐渐淘汰单壳油轮，改用双壳油轮运输，以减少石油泄漏的可能性；加强石油运输压舱水排放处理前的石油净化处理；对海洋石油污染的处理方法、吸油材料和吸油技术等进一步研究，寻找清除石油、回收利用等的新技术。因地制宜寻求最佳处理方法，防治海洋石油污染的危害，加强污染区生物群落的波动规律和石油污染的非线性关系的研究，发现内在规律，尽快恢复污染海区的生态环境。

（4）加强国际合作，做好监测预警。

现代社会是个信息社会，"数字地球"建设已经开始。作为"数字地球"建设中的海洋也加快了数字化建设进程。充分利用科学技术对海洋石油污染实行实时动态监控，建立一个国家、地区乃至全球的油污防备和反应系统，加快海洋污染预警系统的开发和使用。国外这方面的工作已经开展，如美国新泽西环保局建立了基于遥感和地理信息系统的应急响应系统（AOS）、美国环境科学研究所（ERSI）开发了溢油和有毒物质应急系统（MARINESPILL GIS），加拿大利用 NOAA 气象卫星 AVHRR 资料建立了近海水域监测系统等。

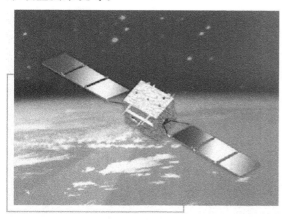

海洋卫星

我国作为一个海洋大国，"数字海洋"的建设给人们提供了机遇，也带来了挑战。充分认识到我国虽然在海洋石油污染防治上取得了一定的成绩，但是和国外相比还有明显的差距；要加强我国和国际的合作和交流，充分利用我国的"HY－1"号海洋卫星资源和国外先进的海洋石油污染防治研究成果，积极开发我国的海洋石油污染监测和预警系统，加快我国"数字海洋"建设的步伐，及时、准确、可靠、全面地反映海洋石油污染的来源、现状和发展趋势，为治理好我国的海洋石油污染，加快我国的经济建设、环境建设和海洋资源的开发利用提供科学依据。

海上溢油遥感监测

世界各地的海事国家都积极参与海上溢油的监视和遥感监测，这种监视活动主要是搜寻船舶、管道及石油钻井平台等经常性或慢性的各种油的泄漏。最近几年关于溢油监测的研究都集中在卫星遥感上，特别是像 ERS－1、ERS－2、Radarsat－1 和 JERS－1 雷达卫星对海洋溢油的监测受到许多国家的重视。但还是有很多国家用航空遥感来监测海上溢油。由于溢油在广阔海面上的风、浪、流作用下，具有动态特性，航空遥感系统在溢油应急处理过程中还是起主导作用。航空遥感在部署上的灵活机动性及遥感器的可选择性等优点，对溢油应急处理来说都是至关重要的。而卫星遥感主要在确定溢油位置和面积等方面能够提供整个溢油污染水域宏观的图像。在灾难性的大量油类泄漏的情况下，卫星遥感和航空遥感都被用来跟踪监视溢油的漂移和扩散。对于慢性泄漏而言，越来越多的海事国家主要利用卫星图像来监视这些污染源。

1．挪　威

挪威大概是使用航空遥感和卫星遥感监测海上溢油历史最长的国家，挪威污染控制局（Statens Forurensnings Tilsyn，SFT）部署了一架 Fairchild Merlin Ⅲ B 双涡轮螺桨飞机，以进行海事监测。飞机上装备的瑞典空间公司的一套海事监测系统使用了 12 年。服役的海事

空中检测挪威海岸

监测系统 MSS 5000 于 1998 年投入运行，至今一直在日常值班。该系统由
1 个侧视航空雷达、1 个红外扫描仪、1 个紫外扫描仪组成。侧视航空雷
达提供一个宽幅搜寻视野，而红外扫描仪、紫外扫描仪则以较窄幅宽进
行成像。上述 3 个遥感器的任意一个的监测结果都有可能发生错误，而
3 个遥感器同时用来探测同一海域则会增加溢油被正确探测到的可能
性。MSS 5000 还应用了地理信息系统（GIS）和全球定位系统（GPS），
获得的数据可以适时传送到 SFT 的总部。SFT 还依据合同获取低分辨率
的卫星图像（覆盖面约 100 千米 × 100 千米）。SFT 获得 SAR 图像后立
即进行分析，以确定是否存在可疑的溢油污染水域。如果存在则信息立
即被传送到飞机上，让飞机来证实可疑地点是否真的存在溢油。卫星系
统的目标是在获得 SAR 图像 2 小时内，提供可疑的溢油污染水域给 SFT
的终端用户。

101

  2. 加拿大

加拿大 Convair 580 飞机

加拿大海岸警卫队
（CCG）为了探测海洋污染，
在沿海水域部署了一系列的
双涡轮螺桨飞机。在太平洋
水域，CCG 的国家航空监测
局（NASP）部署了一架飞
机（DeHavilland, DHC 6 Se-
ries 300 Twin Otter, C - FC-
SU），除海洋污染监测外，
还执行与渔业及海岸巡逻相
关的任务。这架双涡轮螺桨
飞机装备了一架 Nikon F 435 毫米照相机、一架 SONY Hi - 8 摄像机、一架
飞机座舱声音录音机以记录溢油发生地点。上述信息作为对污染者处罚的
证据。在纽芬兰海岸，海事监测活动是在渔业海洋主管部门、加拿大海岸
警卫队与纽省航空公司（PAL）所鉴定的合同指导下进行的。使用的飞机是

三架 Beech King Air B - 200。飞机在海事监测时主要收集高清晰度影像和图片。其中的一架飞机装备了一个 APS 504（V）5 雷达系统、一个前视红外（FLIR）系统、一个夜视系统、一个空载数据获取和管理系统（ADAM）。

当大量溢油发生时，遥感跟踪探测是由加拿大环境部的应急处理科学局（ESD）执行的。ESD 拥有 2 架遥感探测飞机。一架是DC - 3，C - GRSB；另一架是大的双涡轮螺桨飞机 Convair 580，C - GRSC。DC - 3 飞机作为航空遥感的平台已经使用近 30 年了，机上装备有 4 个大的遥感器支座、一个小的遥感器支座。主要机载设备是扫描激光环境探测航空荧光遥感器（SLEAF），它可以对荧光遥感器的数据进行适时处理、分析，及时确定被探测海域或海岸是否有溢油污染，如果有则同时给出油的种类和覆盖范围。ESD 的 Convair 580 飞机上装备了具有 C 波段和 X 波段的合成孔径雷达（SAR）。就海事监测而言，SAR 一次飞行就能探测大面积的海域或海岸，并可获得适时干银透明图像。这种适时干银透明图像被录入 VHS 录像带，原始的 SAR 信号被录入数字录像带以备日后处理。

3. 美　国

美国海岸警卫队（US-CG）拥有一系列的 Dassault Falcon 20 喷气飞机执行日常海上巡逻飞行。其中的一架装备了瑞典空间公司的早期版本有海事探测系统，名叫空眼（Aireye）。空眼已被升级以便提供更有用的适时图像。空眼由一个侧视机载雷达（SLAR）、一个 RS - 18CIR/UV 线扫描仪等组成。另外一架飞机装备了塔楼式 WF - 360TL 前视红外（FLIR）/CCD 摄像机。

巡逻飞机

ERS－2 卫星遥感

4. 荷　兰

荷兰的海上溢油监视是由交通部等部门组成的北海理事会负责。航空遥感和卫星遥感同时在海上溢油监测中发挥作用。每天的航空遥感监测任务是由一架 Dornier 228－112 双涡轮螺桨飞机完成。这架 Dornier 飞机的机载设备有 1 个 Terma X 波段侧视机载雷达（SLAR）、1 个 Daedalus Enterprises ABS 3500 红外/紫外扫描仪、1 个 Rank Taylor Hobson Talytherm 红外照相机（8～13 微米）、1 个 JVCKY－25 下视摄像机。航空遥感信息和卫星遥感图像（ERS－2）相互结合，加强海上溢油的监视。

5. 德　国

德国的联邦海事污染控制组织用 2 架 Dornier Do－228 飞机执行监测任务。自 1986 年以来，飞机每天都要在北海和波罗的海上空飞行多次。这两架飞机原来装备了侧视机载雷达（SLARs）、红外/紫外（IR/UR）线扫描仪、摄像机等。摄像机被用来记录污染水域及造成污染的船舶以备索赔时使用。两架飞机中的一架还装备了微波辐射仪，以对被观察到的油膜进行量化。1993 年 Dornier Do－228 飞机装备了新一代污染监测系统。新系统再次

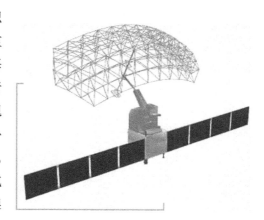

合成孔径雷达

103

配备了侧视机载雷达（SLARs）、红外/紫外（IR/UR）线扫描仪，此外飞机还为遥感器操作员装备了1架下视彩色摄像机和1架便携式（手掌）摄像机。这套系统现在配备了由德国 Olddenburg 大学研制的扫描激光环境探测航空荧光遥感器。该荧光遥感器向被测水域发射波长为308纳米或383纳米的激光作为诱发荧光的光源。被诱发的荧光由12个影像扩程器管以不同的波长（包括 Raman 后散信号）进行监测。用 Raman 后散信号估计油膜厚度，用监测到的荧光光谱确定油的种类。一个三频率波段的微波辐射仪同时被安装到飞机上。辐射仪的观测范围正好覆盖 IR/UR 线扫描仪的扫描范围，它能提供另外一种油膜厚度的测量。遥感器的数据连同摄像机的图像、相关的航行信息（时间、速度等）一起被显示在操作员的控制台上。系统能通过一个114吉赫兹下联的发射器（最大速度为112兆节/秒）提供适时的遥感数据或摄像机图像给地面站（最远10千米）。德国的航空遥感海事污染监测也同时运用 ERS-1，-2卫星合成孔径雷达（SAR）数据。卫星地面站接到数据4小时后遥感系统即可获得卫星图像。

航空遥感和卫星遥感监视海上溢油是世界各国普遍采用的方法。从现状调查资料分析发现，发达国家都积极运用航空遥感监测海上溢油，其中大约有1/2国家同时也运用卫星遥感监测海上溢油。卫星遥感适合监测大面积的溢油污染，航空遥感则适合小面积、海岸（石头、沙子）、植物上等的溢油污染，特别适合指挥清除和治理工作。合成孔径雷达（SAR）卫星是唯一被部署用来执行跟踪监测海上溢油的日常任务的卫星，这清楚地表明这种遥感器的日夜、全天候监测海上溢油的能力。

溢油应急计划

溢油应急计划是指为控制和防止溢油事故，减轻污染损害，在特定的海域内，根据可能产生的溢油源和海区环境及资源状况，而制定的紧急对付溢油事故的措施方案。它是防止海洋污染的重大技术措施，主要在海洋石油勘探开发活动中应用，分为海上平台应急计划和区域性应急计划2种。根据《中华人民共和国海洋石油勘探开发环境保护管理条例》的规定，企事业单位和作业者应制定应急计划，配备与其所从事的海洋石油勘探开发规模相适应的油回收设施和围油、消油器材。

《中国海上船舶溢油应急计划》是国家海事行政主管部门依据新修订的《海洋环境保护法》的规定，根据防治海洋环境污染的需要而制定的我国第一部船舶重大溢油污染事故应急计划。该计划由 3 个层次组成，即中

溢油应急处理

国海上船舶溢油应急计划、海区（北方海区、东海海区、南海海区和特殊区域台湾海峡水域、秦皇岛海域）溢油应急计划和港口溢油应急计划。分为总则、组织和管理、溢油应急反应以及溢油应急反应支持系统 4 部分共33 条。据介绍，航运是世界经济发展和贸易流通的纽带。当前，全世界80% 以上的贸易往来是通过海运完成的，特别是油类，主要是经海上船舶运输。然而海运业的发展，也带来了海上船舶溢油风险。世界上多次船舶污染事故，都造成了巨大环境资源损失。据统计，1965 ~ 1997 年，全世界船舶溢油事故中，溢油总量在万吨以上有 79 起，总溢油量为 414.6 万吨，因此，在发展航运业、保证船舶安全的同时，切实保护好海洋资源，防治船舶溢油事故的污染损害，是当前重要的研究课题和制定本计划的主要原因，同时也是落实新的《海洋环境保护法》的一个重要方面。据介绍，联合国国际海事组织于 1990 年通过了《国际油污防备、反应和合作公约》（OPRC 90）。我国于 1998 年 3 月 30 日加入了该公约，因此，《中国海上船舶溢油应急计划》的制定和实施，也是我国履行国际公约的具体体现。

为做好履行国公约工作，我国在 2000 年 4 月 1 日生效的《海洋环境保护法》中，对溢油应急体系的建立和应急计划的实施提出了明确要求，加快了履约步伐。同时授权国家海事行政主管部门负责制定全国船舶重大海上溢油污染事故应急计划，加强了对溢油应急反应的组织管理。

溢油应急演习

我国船舶溢油应急预案体系初步建立，明确了应急行动中各部门职责、辖区敏感资源分布、应急力量构成、应急行动程序等内容。

交通运输部海事局在全国范围内开展了各级应急预案体系的建设工作，已经基本建设完成了国家、省级、港口级、船舶级应急预案体系。

化学消油剂的应用

化学消油剂是表面活性剂、溶剂及少量助剂复配而成的油处理剂。其作用机理是利用表面活性剂的乳化作用，使油膜乳化形成 O/W 型乳状液。溶剂能降低油类黏度，使其易于乳化。而少量助剂能促进乳化分散过程，提高乳化效率，增加乳状液的稳定性。

当将足量的化学消油剂喷洒在溢油膜上时，表面活性剂分子即刻在油—水界面上发生定向吸附，亲油基伸向油，亲水基伸向水，使界面张力大大下降，并形成具有一定强度的界面膜。其结果削弱和降低了油膜的黏聚性，使油膜易于乳化分散成小油滴而转入水体中，尤其

喷洒消油剂

是在外动力（由风、浪或工作船引起）作用下，能加快其乳化分散过程而形成 O/W 型乳状液。且其沉降深度不超过3米，易于在海面上扩散，并经

历物理的、化学的、生物的变化而使其消失。

1. 化学消油剂的优点

快速形成水包油型微粒子，降低了油分浓度，增大了油粒子的表面积。利于石油的溶解和蒸发、生物降解和氧化作用（主要是光氧化反应）的进行，加速自然净化消散过程；同时使水生生物不能与油粒子表面直接接触，避免或减少了石油对水生生物的毒害；使石油失去了黏附力，不再黏附船舶、礁石和海上建筑物；防止形成油包水型乳状液（巧克力奶油冻），减少了石油沉积；在海浪高于 1.5 米，不能使用围油栏和撇油器等机械清除溢油的情况下，选用直接喷洒消油剂的方法，实现对海面大面积溢油的控制和清除处理；可减少烃类扩散，减少爆炸和火灾危险。

2. 化学消油剂的缺点

在短暂时间内化学消油剂的局部浓度较高，可能与水体内的生物有短暂接触，会给某些生物的发育生长带来影响。市场上流通的化学消油剂，对高黏稠油（如高黏度重油、高蜡质油等）以及在低温（10℃以下）下使用，还存在着乳化率低或无效的弱点。费用昂贵，消油剂的用量起码为溢油量的 20% 以上，以 30%～40% 为好，而有时在处理黏度小或薄油层时耗量更可达到溢油量的 100%。在实际处理大规模油膜时，采用如此高的消油剂和溢油量的比值导致处理价格相当高。消油剂通常要采用特殊装置如船舶、飞机进行喷洒，飞机喷洒用于处理不规则的大片油膜，覆盖海面的油膜厚度不一，所喷的消油剂不可能都与油膜相遇，造成消油剂的大量浪费，增加了处理成本。

绿色环保吸油毡

吸油毡是目前处理海上溢油污染事故的有效材料之一，它主要将水面溢油直接渗透到材料内部或吸附于表面，以便于回收溢油，通常有聚氨酯、聚乙烯、聚丙烯、尼龙纤维和尿素甲醛泡沫等材料。我国行业标准规定，其吸油性应达到本身重量 10 倍以上，吸水性为本身重量 10% 以下，持油性保持率80%以上，在淡水、海水中无溶解性和变形现象。其材质按其原属性分为天然吸附材料与合成吸附材料，其合成吸附材料是人们常见的，也是最常用的吸油毡。

投放吸油毡

最近，新加坡研制成功了一种质地类似纸的吸油材料，是由很多非常细的纤维组成，它们可以有效地将水和石油及其他一系列含有碳的有毒物质分开。这种纤维吸收的油量可达本身重量的20倍。据介绍，该产品利用的是荷叶原理，荷叶上的露水可以像珍珠一样滑过，又不会打湿荷叶。所以它的吸收性能强，而且可回收再利用，从长远看还可以节省大量材料费用。预计这种新型绿色环保的吸油材料将在未来5年用将广泛用于吸收泄漏的原油和有毒物质。

"油指纹"鉴定技术

资料显示，海上船舶油污染事故呈上升趋势，为调查处理这些事故，海事主管机关常运用多种调查手段，其中，溢油鉴定是一项重要的科技手段。1982年4月6日，烟台海事局水域环境监测站（中国海事局烟台溢油应急技术中心海事鉴定实验室的前身）经交通部港务监督局批准成立，交通部先后投资800多万元，建设实验室用房，配备了符合国际海事组织（IMO）推荐标准的4台套大型化学分析仪器。在20多年的发展历程中，该中心已拥有了符合IMO溢油源鉴定标准的荧光光谱仪、气相色谱仪、红外光谱仪和色质联用仪等分析仪器。利用这些先进设备，采用科学的分析方法，可分别获取海上溢油和嫌疑溢油源的"油指纹"，通过相互比对分析得出鉴定结论，为判定溢油源提供证据。同时，还可判定污染损害的范围和污染程度，并可进行水中油含量的定量分析、危险品污染的污染源鉴定和部分危险货物的性质鉴定。

另外，该站还可采用红外光谱——红外显微镜仪，测定船舶碰撞时转移油漆和嫌疑船舶油漆中有机成分的红外光谱图，经过比对分析，为判定碰撞肇事船舶提供证据。监测站所配备的具有国际领先水平的美国尼高力傅立叶变换红外光谱——红外显微镜联机系统，可对最小直径为 50 微米的微量油漆进行鉴定分析，并提供准确可靠的油漆物证鉴定结论。

2006 年 2 月 26 日，该站和烟台海事局溢油应急技术中心合并，组建成了中国海事局烟台溢油应急技术中心。

石油是由上千种不同浓度的有机化合物组成。这些有机物是在不同地质条件下，经过长期的物化作用演变而成。因此，不同条件或环境下产出的油品具有明显不同的化学特征，其光谱、色谱图因此而不同。同时，因制造、储存、运输、使用的环节不同，更增加了油品光谱、色谱图的复杂性。油品光谱、色谱图的复杂性如同人类指纹一样具有唯一性，因此，人们把油品的光谱、色谱图称为"油指纹"。

就燃料油而言，两艘船舶即便是在同一个地方加了同一种油品，由于船舶自身情况的千差万别，其油箱"油指纹"也不会相同。就机舱舱底油污水来说，它的构成极为复杂，是混合了船机油、液压油、生活污水等液体形成的，因此世界上绝不会出现两种完全相同的舱底油。也就是说，世界上不同源头的油品不可能出现完全相同的"油指纹"。

因此，鉴定实验室利用荧光光谱仪、液相色谱仪、气相色谱——质谱联用仪等先进仪器，对送检的各种嫌疑溢油源的油样进行分析，并将检验出的"油指纹"特征与污染水域环境的溢油的"油指纹"特征进行比对，从而判定到底是哪艘船舶污染了水域环境。

溢油鉴定广泛应用于溢油污染事故调查处理中，是确定船舶溢油事故污染源的重要的科技手段之一，在污染事故调查处理中发挥着非常重要的作用。

首先，溢油鉴定技术能为船舶溢油事故调查处理提供科学有力的证据支持。在溢油鉴定技术未广泛应用之前，主管机关在海上船舶溢油事故调查处理时，为查找肇事船，一般采用询问嫌疑船舶有关当事人、勘查船舶管系和溢油现场、分析风流对溢油流向的影响、排除其他嫌疑溢油源等方法确定肇事船舶。但通过这些方法获取证据存在着随意性、不科学、不确切、易失真、证据证明力度不够等问题，尤其是船舶操作性溢油，现场证据易被人为破坏，事故调查困难。溢油鉴定技术的应用，有效弥补了其他调查手段的不足，保证了事故认定的准确性和科学性，同时也为事故的进一步处理和索赔，提供了合法有力的证据支持。

实际工作中，在溢油事故发生地距鉴定机构较远，船期紧张的情况下，调查人员可先展开初步调查，收集有关证据，然后对全部嫌疑船舶采样，将样品送往鉴定机构进行全面的技术鉴定，根据鉴定结论，并辅以其他证据最终确定肇事船舶。

其次，溢油鉴定对污染事故调查也具有很强的指导意义。一般港口、码头发生污染事故时，经常有多艘船舶同时在港，调查范围广，难度大。但是，有了溢油鉴定作技术指导，调查人员就可在污染事故发生后，迅速对全部嫌疑船舶同时采样，并送往鉴定机构，通过鉴定排除其他船舶，缩小嫌疑范围，然后集中力量对嫌疑船舶展开调查。另外，溢油鉴定技术能迅速地确定溢油来源和种类，调查人员可据此开展有针对性的调查，从而提高调查效率，最大限度地减少船舶滞港时间。

20 多年来，该实验室积极开展海事行政鉴定实践与探索，充分利用高科技手段，在海事鉴定方面发挥了积极的作用，为国家挽回经济损失达9000 多万元。2002 年，海事鉴定实验室被交通部授予"交通行业环境监测先进单位"荣誉称号。

1991 年 7 月 26 日，大片油污飘向烟台第一海水浴场，许多游客身上沾满油污，相关的旅游服务也被迫停营。实验室通过对 3 艘嫌疑船舶油样品鉴别分析，认定海面污油系英国籍"联期"轮所致。烟台海事局要求船方在开航前查明事故原因，但船方难以找到溢油原因。28 日下午，海事执法人员在"联期"轮围油栏内发现了新溢出的污油，随即带领"联期"轮船长查勘现场。"联期"轮的船长辩解说，可能是烟台港池下面有油田。后经潜水员水下对"联期"轮船体探摸，查出了船舶漏油管口。船方终于根据水下探摸情况，找到了漏油原因。至此，船方对实验室的鉴定心服口服。烟台海事局依法对该轮进行罚款，并由船方支付了海水浴场及有关单位的经济损失。

2000年6月18日，烟台港26号泊位发生烟台港开埠以来最大的港内溢油污染事故，烟台海事局水域环境监测站参与采集3条嫌疑船油样品共12个，经化验分析，得出了利比里亚籍"冷藏1号"轮的机舱舱底污油样品与海面溢油指纹特征一致的鉴定结论，为案件的侦破起到了决定性作用。随后，尽管"冷藏1号"船长百般抵赖，事故调查人员还是通过对海面溢油方向模拟分析、机舱设备检查和溢油化学鉴定，形成了一系列的证据体系，"冷藏1号"为肇事轮已确定无疑。6月21日，烟台海事局对"冷藏1号"发出处罚通知，鉴于该轮违法排污造成污染，而且不立即采取措施也不向主管机关报告，按照《中华人民共和国海洋环境保护法》（简称《海环法》）有关规定，对其处以30万元的罚款，并承担全部经济损失。在法定时限内，肇事轮没有提出任何申辩，并交付了30万元人民币的罚款。这是新《海环法》生效后，海事鉴定实验室鉴定的第一个大型船舶污染案，该案件的调查处理结果作为2000年度我国向海事组织报告的案件之一。

2005年5月14日，天津新港水域发生了一起船舶溢油污染事故，当时正在港口作业的巴拿籍"SINAR"轮和波利兹籍"WISHES"轮均存在重大肇事嫌疑。天津海事局迅速对现场的海面溢油和两嫌疑外轮的舱底污油、燃料油等8个部位进行了油类取样，于17日将19个油类样品，通过特快专递发往烟台海事局，请求提供物证鉴定支援。为判明真相，海事行政鉴定实验室迅速对油样进行了系统鉴定分析，最终通过"油指纹"鉴定技术，5个小时内判定巴拿马籍船舶即为此次溢油污染肇事船，同时排除了波利兹籍船舶的肇事嫌疑。

实验室准确而高效的鉴定技术，对调查事故真相的海事人员来说，是一个有力的工具；而对于那些在肇事之后想拒不承认的人而言，则是令他们心生畏惧的利器。

为了保证溢油事故中采样和鉴定程序的合法有效，监测站执法人员还配合中华人民共和国海事局编译完成了IMO《溢油采样与鉴定指南》；在总结20多年溢油鉴定工作经验的基础上，配合海事局完成了《水上油污染事故调查油样品采样程序规定》，进一步统一了做法，规范了化验鉴定行为。另外，他们还承担了海事行政鉴定地位、性质研究、海事行政鉴定工作的相关保证措施研究、液相色谱、气/质联用仪溢油源鉴定方法研究，研究成果对进一步丰富海事行政鉴定理论、提高鉴定技术水平，更好地为调查处理溢油事故服务有十分重要的意义。

卫星遥感的应用

1."威望"轮溢油事故

"威望"（PRESTIGE）轮是巴哈马、具有26年船龄、81564载重吨的单壳油船，本航次从拉脱维亚首都里加装载77000吨燃料油驶往新加坡。在2002年11月13日航经西班牙海域时遭遇强风暴袭击，油轮失去控制。据报道，失控油轮曾经与不明物体发生碰撞，船体损坏导致燃料油泄漏，在海面上很快形成一条约宽2.5海里、长20海里的油带，溢油带在风浪作用下向西班牙的加利西亚海岸方向漂移，失控油轮漂移到距加利西亚海岸约8海里处搁浅。为了减少污染损失，西班牙政府于11月17日将"威望"轮向西南方向拖至大西洋海域。由于"威望"轮船体破损，并承受风浪冲击，于11月19日在42°08′N，12°06′W处断裂并沉没在3600米深的海底，此处距西班牙海岸约150海里。据西班牙政府称，到油轮沉没时约有17000吨燃料油已

清理西班牙海滩

经泄漏，溢油已经污染了加利西亚地区长达 400 千米的海岸线，岸滩上堆积了厚厚一层油污，近岸的河流、小溪和沼泽地带也受到严重污染。

2. 卫星遥感在"威望"轮溢油事故中的应用

西班牙西北海域海产资源非常丰富，为减少溢油对生态环境、渔业资源及渔业生产造成危害，事故发生后必须尽快掌握溢油污染范围及漂移动向。在"威望"轮事故发生后的几天内，西班牙海域天气非常恶劣，海上风力 8 级，阵风 9 级，浪高达 6 米，这使得污染进一步扩大，同时也给溢油的监视工作带来困难。

航空与船舶监视由于受到自身及气象条件的限制，在"威望"轮溢油现场这种气象条件下难以对溢油污染进行有效监视。然而，卫星遥感对溢油进行了连续的有效的监视，为溢油应急反应决策提供了重要技术支持。

（1）卫星遥感监视溢油的优点

雷达监视溢油原理是由于风的影响海面会产生细微的波浪，这些细微波浪在雷达信号波段为强反射性，在雷达图像上表现为亮色。海面溢油消减了这种细微波浪，使得溢油区域在雷达信号波段的反射性降低，在雷达图像上表现为暗色，从而可以识别出溢油污染区域。

载有合成孔径雷达（SAR—Synthetic Aperture Radar）的雷达卫星，是监视海上溢油最好的工具。其优点主要体现在以下两个方面：

①SAR 工作波段属于微波，微波能穿透云雾、雨雪，具有全天候工作能力；实验表明，即使是倾盆大雨，对微波信号的影响也很小。

②SAR 采用的是主动式工作方式，即由传感器发射微波波束，再接收地面物体反射回来的信号，因而它不依赖于太阳辐射，不论白天黑夜都可以工作。

因此，SAR 具有全天候、全天时工作的优点，这是任何其他监视工具所不能比拟的。

采用卫星遥感与其他监视手段相结合的方式，即先用卫星遥感对溢油附近区域进行监视，然后用其监视结果来指导航空监视与船舶监视，可以

遥感监视溢油

取得详细的溢油污染区域与污染程度信息。

（2）卫星遥感在"威望"轮溢油污染监视中的应用

在"威望"轮溢油事故发生的第二天，即11月14日《空间与重大灾难国际宪章》就得以启动。遵照《宪章》要求，欧洲空间局

（ESA—European Space Agency）将利用其 ERS – 2 和 Envisat – 1 两颗卫星对西班牙加利西亚省附近海域进行连续的溢油监视，同时还有加拿大空间局（Canadian Space Agency）、法国空间局（French Space Agency）及法国国家空间研究中心（CNES）也将利用其所控制的卫星对溢油污染进行监视。

欧洲空间局通过对11月17日上午西班牙加利西亚省附近海域的 Envisat – 1 ASAR 图像的处理，提取了溢油信息。

自11月17日起，欧洲空间局几乎每天都会获取溢油区域 Envisat – 1ASAR 数据或 ERSSAR 数据。对这些数据处理后，欧洲空间局立刻将结果图像发给西班牙、葡萄牙以及法国当局，为溢油应急反应提供信息支持。

至12月25日，Envisat – 1 星经过溢油及附近区域21次，接收 Envisat – 1 ASAR 图

Envisat – 1 卫星

像19幅，其中能够识别出溢油10幅；ERS – 2 星经过溢油附近区域16次，接收处理 ERSSAR 图像17幅，其中能够识别出溢油8幅。在没有分

114

析出溢油的卫星图当中，有的是因为图像所包含区域不在溢油污染范围之内；也有的是因为风速太大波高浪急，致使溢油信息很弱而无法分析出来。

欧洲空间局还列出了 12 月 26 日到 2003 年 1 月份 Envisat－1 和 ERS－2 经过溢油污染区域轨道的时间，以按照计划继续获取数据监视溢油。

（3）《空间与重大灾难国际宪章》所发挥的作用

1999 年 7 月，在奥地利维也纳召开的联合国和平利用外层空间大会（Unispace－Ⅲ）上，欧空局与法国国家空间研究中心发起了《空间与重大灾难国际宪章》（以下简称《宪章》）。《宪章》的宗旨是对自然或人为的灾难事故向救援机构或其他的民用防护部门统一提供各个卫星系统的遥感数据及技术，以减轻灾难对生命及财产的危害。到 2001 年 9 月又先后有加拿大空间局（CSA）、印度空间研究组织（ISRO）和美国国家海洋大气局（NOAA）加入《宪章》，目前共有这 5 位成员。

《宪章》只适用于其成员所在国的救援、民用防护、防卫与安全部门，只有国家或国际的空间系统及其代理才能加入成为《宪章》成员。

当灾难事故发生时，经《宪章》授权的用户只需拨打一个电话就可以要求启动空间及地面的资源以取得相关数据与信息。位于意大利的欧洲空间研究院（ESRIN）是欧空局的下设机构，该院提供每周 7 天、每天 24 小时的电话值班服务，以及时对灾难事故做出响应。当《宪章》启动后，会有专门的项目负责人来协调相关工作，以充分合理地利用所能支配的卫星资源，也包括采用编程服务来及时获取监视数据。所谓编程服务是指卫星经过事故发生地的相邻轨道时，地面控制中心会控制卫星偏转到事故发生地点采集数据，这样就能缩短获取卫星遥感监视数据的

欧洲空间研究院

周期。对获取的遥感数据进行分析之后，欧空局会立即发送到事故指挥部门手中。

从"威望"轮溢油事故来看，卫星遥感快捷有效地对溢油进行了连续监视，为溢油应急反应提供了重要的技术支持。《空间与重大灾难国际宪章》的启动大大缩短了获取卫星遥感监视数据的周期，为溢油的连续监视提供了保障。

3．在溢油监视中可利用的卫星资源现状

目前全球在轨的人造卫星达到 3000 颗，能提供数据和图像为遥感、定位导航、通信传输服务的约有 500 颗，其中对地观测卫星近 30 颗。在对地观测卫星中只有合成孔径雷达卫星能有效用于海上溢油监视。现正在运行的合成孔径雷达卫星主要有加拿大 RSI 的 Radarsat－1，欧空局的 ERS－2 和 Envisat－1。

Radarsat－1 SAR 具有多模式、多波束成像的能力，用户可选择入射角、分辨率和幅宽。其入射角可选 20°～50°，分辨率可选 10～100 米，幅宽可选 45～500 千米。该星重访周期为 24 天。通过选择工作模式、控制成像幅宽以及采用编程服务可为用户提供 7 天的重复观测。

ERS－2 SAR 数据幅宽 100 千米，分辨率 30 米，重访周期 35 天。

Envisat－1 是 2002 年 3 月刚发射的一颗卫星，该星所载的高级合成孔径雷达 ASAR 有 400 千米的侧视成像范围和多种视角，其分辨率为 30 米，重访周期 35 天。

按照正常程序，只有在卫星经过溢油事故发生地点所属轨道时才能获取数据资料。由于只有 Radarsat－1、ERS－2 和 Envisat－1 这 3 颗卫星可用于溢油监视，从

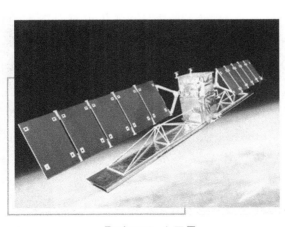

Radarsat－1 卫星

它们的技术参数可以看出进行溢油连续监视的周期较长。虽然利用编程服务能缩短卫星数据获取周期，但普通用户都至少要提前几天向卫星运行控制部门请求编程服务预定指定数据。即使当天卫星经过溢油事故发生地点，从接收部门获取数据到用户得到卫星监视图像的过程最快也需要 2 天时间。因此，按照正常的数据获取程序，利用卫星遥感较难达到连续监视溢油的目的。我们可以看出，如果"威望"轮事故没有《宪章》启动的支持，也难以利用卫星遥感对溢油进行有效的连续监视。

4. 卫星遥感在我国溢油监视领域的应用前景

在我国，已经有过利用卫星遥感监视溢油的研究，而且也应用到溢油事故的污染监视中。但从卫星遥感数据中提取溢油信息的理论研究还不成熟，在溢油事故的监视中所使用的基本都是气象卫星遥感数据。气象卫星接收信号依赖于太阳辐射，其工作波段对溢油特征光谱不敏感，分辨率也较低，一般为 1.1 千米，这些缺点使它难以有效地监视溢油。国外 20 年的研究表明，合成孔径雷达卫星是监视溢油最有效的卫星遥感工具。目前我国通过解译雷达卫星数据提取溢油信息的研究还处于起步阶段。为充分利用雷达卫星遥感来监视溢油，可以采取以下 2 种措施：

（1）加强解译雷达卫星数据提取溢油信息的研究。这样，用户可以直接对从卫星数据接收部门获取的数据进行分析，提取溢油信息。

（2）建立快捷获取卫星遥感数据的渠道，这样才能对溢油进行及时的和连续的监视。我国不是《空间与重大灾难国际宪章》的成员，不能要求启动《宪章》来为我们服务。但我们可以直接与国外的空间部门、国内的卫星接收部门或代理签订有偿服务协议，参照《宪章》的工作方式，使我们在溢油事故发生时也能快速得到溢油监视数据。

卫星遥感的应用使"威望"轮溢油事故的海面溢油得到了有效监视，为溢油应急决策提供了重要的信息支持。这对我国应用卫星遥感监视溢油来说，也是一个非常好的经验借鉴。随着航天业的不断发展，可供使用的雷达卫星会逐渐增多，卫星遥感数据的获取会越来越便利，利用卫星遥感监视海面溢油的周期也会越来越短。因此，利用卫星遥感监视溢油不仅是经济的，也将是十分便利的一种手段，相信它在船舶安全管理和其他海事管理方面也会具有更广阔的应用前景。

治理海洋污染的启示

日本海洋环境治理与海洋环境保护走过了一段曲折的过程。战后50年代至60年代初的日本，将复兴经济摆在了优先位置。片面发展经济，环保意识薄弱，使得以工业集中的地区为中心，出现了直接危害人体健康、影响正常生活的海洋环境公害污染，污染问题渐露端倪。在一些地方出现了"水俣病"、"骨痛症"等。

以上述污染问题处理为契机，为保护大气、水质，日本政府于1958年制定了《公共水域水质保全法》和《工厂排污规制法》，正式拉开了日本全国性治理海洋污染的序幕。

20世纪60~70年代，是日本经济飞速成长的时期，也是污染问题日益显著化、社会化的时期，日本政府加大了海洋环境保护力度，特别重视海洋环境立法工作，强调通过依法治理海洋环境问题。在此期间，日本先后出台了《水质污染防治法》、《海洋污染防治法》和《自然环境保护法》等一系列环保法律，基本形成了海洋环境法规体系，为治理海洋问题打下了良好的法律基础。与此同时，日本还不断加强海洋环境管理体制，在特定事务所设立了"防治公害专职管理者"。

随着各项相关法令的制定、海洋环境管理体制的不断完善，以及企业大规模环保设备投资等努力，海洋环境治理初见成效。到20世纪70年代后期，海洋污染问题趋于解决。

日本通过《海洋污染防治法》

今天的日本，空气清新、环境优美、山青水绿、海水清澈，充分显示了保护海洋环境工作的巨大成效。

通过有效措施逐步解决

海洋环境问题是可以解决的，关键是要政策到位，措施有力。回顾日本海洋环境保护历程可以看到，日本在快速工业化过程中，没有充分注意到海洋环境污染问题，造成了严重的污染，付出了沉重的代价，如果当时及早注意这一问题，代价会小得多。

日本政府在解决海洋环境问题的过程中，对于企业不能采取强制措施，要求企业达到什么标准，更不能直接下达治理指标，而是通过公布全社会污染控制总目标引导企业进行环保，同时通过市场行为，也就是能源价格等调控企业环保行为，减少海洋环境污染。海洋工业污染主要是工厂排放废气、废水、废渣等，主要是通过各种法律和经济措施解决，要求工厂减少排放，否则处以罚款，而对于工厂在海洋环保科研、设备方面的投入，政府给以一定的补贴，企业根据生产情况提出环保课题，并且由企业自己组织科研人员，包括院校、社会科研单位的人员研究解决。

同时，政府在市场上推出绿色环境标志制度，鼓励消费者购买环保产品，而没有绿色环境保护标志的产品，在市场上就得不到市民的认可。在日本，一个企业如果对环保无动于衷，消费者就不会满意，市场就会淘汰其产品。也就是说，环保不仅是政府的要求，也是市场的要求。

通过这种"两头堵"的办法，政府与老百姓共同努力，迫使企业向环保方向努力，日本海洋污染在20世纪60～70年代逐步加以解决，到80年代已经基本得到有效控制。

今天，日本正在探寻适合海洋环保要求的未来企业

20世纪20年代的日本工厂

之路，提出未来先进的企业要努力寻找减少使用资源、减轻海洋环境负担、开发新能源、增进生活幸福感的新的发展道路。企业要靠近资源地，利用当地资源组织生产，增加当地就业机会，形成企业新的发展模式。也就是说，未来先进的企业要在发展经济、节约资源与降低海洋环境负荷上达到新的平衡。这是一个重大的时代课题。

为应对传统能源危机，日本在大力加强氢能、生物质能等新能源的开发研究，努力实现21世纪以生物质能利用为基础的新发展，实现能源消费从地下化石能源向地上生物能源的转化，实现循环发展。

海洋环境问题需要引起全社会重视

日本解决海洋环境污染问题走过了两个明显的阶段，即从治理海洋工业污染入手，逐步向治理海洋全面污染方面转变。海洋环境问题解决越深入，越需要全社会的共同支持。

而目前最主要的污染则是面广量大的生活污染，如生活污水、生活垃圾等。日本环保官员认为，与局部性的海洋工业污染相比，日常生活造成的海洋污染治理的难度更大，并且具有持续性增加的特点。

日本在解决海洋工业污染的过程中，注意充分利用消费者的市场约束能力，在全社会形成了"使用绿色环保产品为荣"的消费理念，为海洋环境保护支付了必要的成本。

同样要真正解决生活污染这一难题，更需要广大消费者的积极配合与支持，百姓的生活方式要向文明、有利于海洋环保的方向转变。今天的日本，垃圾分类已经成为普通百姓的行为方式，这对于解决垃圾处理难题提供了良好的基础条件。

为进一步推动海洋环保工作开展，1993年，日本制定了《环境基本法》，提出实现可持续发展的社会，改变局部环保的理念，要求政府制订海洋环境基本计划。从那时到现在日本已经制定实施了两个海洋环境保护计划，正在制订第三个海洋环境保护计划，据介绍，在第三个计划中提出了6个新的想法：

（1）全面、协调、可持续发展。鼓励海洋环境与经济、社会的协调发展，提倡企业开发环境友好产品。

（2）从环保的观点出发，形成可持续的国土海洋环境，尤其加大对农业、林业的环境保护力度。

（3）根据技术开发研究，解决海洋环境不确实性的措施。对于海洋环境问题，在没有明确科学依据的情况下，行政方面要采取措施，采取对策减少海洋环境不确定性。

（4）国家、地方、公民个人都是海洋环境保护的主体，要动员大家共同参与推动环保。

（5）加强国际合作，创造国际海洋环境保护合作规则。

（6）着眼长远制定环保政策。

经验教训值得借鉴

日本在经济成长过程中解决海洋环境问题的经验教训值得我国认真借鉴。

（1）政府加强海洋环境规划研究。明确治理工作重点，分步骤分阶段，逐步加以解决。

（2）加强市场机制在治理海洋环境问题中的力度。海洋环境问题光靠政府提倡、惩处是不够的，关键是要通过一系列政策措施，引导企业形成自觉的环保意识，使它们认识到不重视环保，产品就没有出路，企业就没有出路，从而形成内在的环保机制与内生的环保动力。可以通过能源价格、环保补贴等具体办法加以推进。

（3）要提倡并大力弘扬健康、积极的消费理念与生活方式，形成全社会愿意为环保产品支出成本的消费理念与消费行为。特别是通过消费行为，制约企业的生产行为，迫使企业增强环保意识，提高环保水平。同时，百姓环保意识的增强，可以为海洋垃圾的处理提供有效的基础条件，减少垃圾产生量。

海洋环境与灾害监测

2008 年 4 月 16 日，"国家海洋局海洋赤潮灾害立体监测技术与应用重点实验室"成立。这是我国在海洋赤潮灾害监测等领域的首个部委级重点实验室，它着重研究赤潮的立体监测技术、预警预报以及应急管理系统技术，力争 5 年内具备提前 3 小时发布赤潮发生及其趋势预测的能力。

海洋监测人员

海洋环境与灾害监测工作，对预报和减轻海洋灾害意义重大。海洋，是地球资源的宝库，也是维持地球良好环境的依托。灾害性海况的出现，直接影响人类的生活和工农业生产活动，并带来巨大的破坏损失。在过去 20 年中，受自然灾害影响的人口达 8 亿多，财产损失近千亿美元，其中的 60%

是由海洋灾害造成的。我国内有渤海，外濒黄海、东海、南海以及西北太平洋，海域环境多变，各种海洋灾害发生频繁，尤其是风暴灾的发生频率和危害程度位居世界前列。因此，预防和减轻海洋灾害，搞好海洋环境与灾害预测，保障海上生产活动和沿海设施以及人民生活安全所必不可少。

为预报和减轻海洋灾害，各国都很重视建设海洋环境与灾害监测系统。除常规的船舶和沿岸观测之外，已开始应用卫星、浮标、飞机雷达、电子计算机等现代化技术手段，建立了大范围的海况监视系统。

从 20 世纪 70 年代开始，有关的世界组织和海洋国家就开始采取措施，加强海洋监测能力。世界气象组织（WMO）提出了一项全球范围的调查船观测计划（VOS）；政府间委员会建立了一个由 50 个国家参加的"全球联合海洋服务系统"（IGOSS）。为了监测全球性的海洋灾害，如厄尔尼诺、海平面上升等，政府间组织还建立了一个由 60 个国家参加，拥有 300 个海平面观测站的永久性全球海面观测网（GLOSS）。上述诸项工作对做好海洋环境预报，尤其是海洋灾害的预警报工作，保证海上及沿海生产活动的安全至关重要。在海洋环境与灾害的监测工作方面，美国、日本两个国家起步早，积累了丰富的经验。

我国在这方面的工作起步较晚，进入 20 世纪 80 年代后进步较快。1988年，我国发射了第一颗气象卫星"风云 1 号"，带有 2 个海洋观测通道。1990 年又发射了第二颗"风云 1 号"气象卫星，也包括了海洋观测项目。同时完成了"海洋卫星"的论证工作。开始在海岸带与海岛资源调查、海港选址、海洋环境监测以及海洋环境监测、海洋学研究等方面进行卫星资料的应用研究。同时还建立了以接收风云卫星为主、兼收国外环境卫星的卫星地面接收和应用系统，在气象减灾防灾、国民经济和国防建设中发挥了显著作用。

目前，我国的极轨气象卫星和静止气象卫星已经进入业务化，在轨运行的卫星分别是"风云 1 号"D 星（2002 年发射）和"风云 2 号"C 星（2004 年发射）。我国是世界上少数几个同时拥有极轨和静止气象卫星的国家之一，是世界气象组织对地观测卫星业务监测网的重要成员。

我国的海洋灾害预报业务有海浪、风暴潮、海冰等，主要由国家海洋预报中心以及下属各预报区台负责进行。1966 年 10 月 1 日，预报中心正式发布我国海区天气预报。经过近 40 年的发展，我国的海洋环境预报体系初具规模，已建立 1 个国家级中心、3 个区域中心、10 个省级预报台以及 8 个县市级预报台，形成了监测（观测）、数据传输、分析预报、产品分发等环节组成的业务化系统。目前，由国家

123

"风云 3 号"卫星发射

海洋环境预报中心发布的海洋环境和海洋灾害预报警报主要包括：海浪预报、风暴潮预警报、海啸预警报、海冰预报、海温预报、厄尔尼诺、赤潮预测、海水浴场海洋环境预报、极地与大洋科考航线海洋环境预报、海流预报、溢油预报、滨海旅游度假区环境预报等。

我国是一个多风暴潮灾国家，每年都给国民经济带来巨大损失。据统计，仅福建 2008 年因台风暴雨等灾害经济损失超过 35 亿元。

任重而道远，这是我国海洋环境与灾害监测工作所面临的义不容辞的重任。近年，在广大海洋环境与灾害监测工作者的努力下，在我国海洋局的领导下，我国不断加强了环境与灾害的预报与警报工作，建立起由海洋站、中心海洋站、预报区台、国家海洋预报台组成的监测预报网络和国家海洋预报到沿海地方的预报警报行政传输网络。在强风暴潮、海冰、巨浪、赤潮、海上溢油等大的海洋灾害即将发生时，除了通过电视台、广播电台、报纸等新闻媒介及时发布预报外，还将预报及警报通过行政指挥线路发送各沿海省、直辖市、自治区和计划单列市，为各级政府及早部署防灾抗灾提供准确信息和决策依据。

海洋环境与灾害监测工作意义重大，它不仅关系国家的经济前途和政治稳定，也关系到每一个老百姓的家庭财产和个人生命安全。这项工作每个公民都应关心支持，对此有不可推卸的义务。同时，我们更应该知道，从整体上看，与国外海洋先进国家相比，我国的海洋环境与灾害监测工作还有不少差距，与我国目前的需求以及未来 5～10 年内海洋开发的要求相比，也有一定距离。我国的海洋监测手段比较落后，资料源不够充足，防灾指挥系统、服务手段和方式不够完善，海洋灾害预报模式有待进一步发展，防灾对策也比较缺乏等一系列问题。

随着我国经济的发展，我们的海洋意识也必然进一步增强，大家都来关注支持海洋环境与灾害监测事业，这必将使之有一个大的提高，从而更好地为人民服务，满足人民需求。

各国防沿海污染的行动

瑞典设立奖项

1999 年瑞典政府宣布设立"波罗的海水奖",以奖励为保护和改善波罗的海水质做出贡献的个人与集体。

据瑞典外交部介绍,"波罗的海水奖"奖金额为 1 万欧元(合 1 万多美元),由瑞典有关方面专家评选,在每年 8 月中旬举行的斯德哥尔摩水节上颁发,波罗的海沿岸国家的任何个人、组织或政府机构都享有获奖的权利。

1999 年 8 月 11 日瑞典政府宣布把第一届瑞典"波罗的海水奖"授予波兰的普拉奇水公司,以奖励该公司为改善波罗的海水质所作出的努力。

由瑞典有关方面人士组成的评审机构认为,普拉奇公司作出的努力不仅有利于波罗的海水质的改善,而且还促进波兰全国人民环保意识的提高。

普拉奇公司采取了两方面行动:①在波兰一些主要河流上建立清污厂,以清除流入波罗的海的河水中含有磷与氮等化学物质;②清除波兰波罗的海沿岸城市入海口处的污染物。

日本全民行动

2004 年 6 月,在日本全国性的社团法人组织"海和沙滩环境美化机构"的指导下,日本各地海洋环境美化运动正在蓬勃兴起,大家纷纷行动起来保护海洋。

(1)最引人注目的一项

波罗的海

活动是清除海洋沿岸垃圾。

志愿者清理垃圾

126

海洋沿岸垃圾分人工垃圾和自然垃圾。①人工垃圾主要有纸、布类、玻璃、陶器、塑料、金属饮料罐、油污等，多由观光旅游、洗海水浴和垂钓者乱扔和海上生产活动所致；②自然垃圾包括漂浮物如木头、草类等，多由陆地流入海洋。

为了解决垃圾问题，"海和沙滩环境美化机构"向公众提出了"不增加垃圾三原则"，即不产生垃圾、不扔垃圾和带走垃圾。与此同时，还大力推动全国各地保护海洋团体对海岸垃圾进行大规模清理。清理海洋垃圾的人有的日复一日年复一年，把这当成唯一的使命，有的志愿者则定期参与垃圾清理。除此之外，还有政府官员和民间团体组织的全国性清理活动。有关统计数字表明，自 1992 年以来，日本全国的志愿者清理的海岸线达 30884 千米，参加清理的人数达 138 万，回收垃圾达 54 万立方米。

（2）对全国的海底藻场和海河交界的浅滩进行调查。藻场的功能除了可以生产海带、裙带菜等，还是鱼贝类产卵和孵育的场所，同时可起到净化海水的作用；海河交界的浅滩是盛产蛤仔、文蛤、幼鱼和幼虾的场所，堪称生物多样性的宝库。调查内容包括藻场和海河交界的浅滩的面积、在每个县分布的情况、每年的减少情况，潮位差的大小，海洋生物的分布，渔业资源增加和减少情况，水的透明度，过去的填海工程造成的影响等。调查都有非常详细的数据，既可为政府制定保护海洋的政策提供科学依据，也可以提醒普通公众注意保护海洋。

（3）大力宣传保护森林。浩瀚的森林，可以不让水土流失，把天上雨水储存在落叶和土壤中，然后再慢慢流到海里，森林水土保持功能使汇入大海的雨水含有腐叶成分，变成鱼贝类和浮游生物的食饵和海草类生长的养分，大海因此成为生命更为丰富多样的世界。没有森林，雨水会变成洪水，把挟带的泥沙倾泻到海里，对鱼类繁衍栖息地造成严重影响。因此，保护海洋就要爱护每一片森林和每一棵树木。日本在这方面做得非常好，每一座山都布满郁郁葱葱的林木，还通过"海和沙滩环境美化机构"进行各种宣传活动，让公众都知道森林和海洋的密切关系。

加拿大利用与保护并重

加拿大三面环海，东临大西洋，西濒太平洋，北面北极海，海岸线约25万千米，为世界最长；大陆架200海里，为世界第二；近海区域1680万平方千米。加拿大国内外贸易都以海上运输为主，全国人口约1/4在沿海居住。为了推进国家的海洋开发，加拿大制定了21世纪国家海洋发展战略。

合理利用海洋，充分保护海洋环境，保证海洋的可持续开发已成为加拿大重要的国家战略决策，为此，加拿大政府在海洋发展战略中确定了3个原则和4个紧急目标。

3个原则是：可持续开发；综合管理；预防的措施。

4个紧急目标为：

（1）把现行的各种各样的海洋管理方法，改为相互配合的综合的管理方法；

（2）促进海洋管理和研究机构的相互协作，加强各机构的责任性和运营能力；

（3）保护海洋环境，最大限度地利用海洋经济潜能，确保海洋的可持续开发；

（4）力争使加拿大在海洋管理和海洋环境保护方面处于世界领先地位。

为了实现国家的海洋战略目标，政府和有关各方制定了具体措施。

1．加深对海洋的研究

为了加强海洋的管理，必须进一步观测、研究、调查和分析海洋。因此，加拿大政府加强了海洋科技开发的预算分配，在 2003 年拨款近 8 亿加元（1 美元约合 1.36 加元），作为海洋科技开发经费。其他措施包括：广泛收集海洋资料，提高海洋基础资料的精度；提高航行用海图的制作能力；研究全球规模的气候变动；界定海洋资源和海洋空间的定义；保护资源开发和海底矿物资源；加强海洋科学和技术专家队伍建设等。

2. 加强对海洋环境的保护

近年来，加拿大的海洋环境遭到了不同程度的污染，由此，加拿大制定了海洋水质标准和海洋环境污染界限标准，对石油等有害物质流入海洋的采取预防措施和制定预防体制，研究海洋环境对人类健康的影响。

加拿大还设立了"沿海护卫队"负责保护海洋环境，沿海护卫队对化学物品和石油的泄漏事故能迅速做出反应，并在很短时间内对大面积污染物进行清除。为了应对海洋中的泄漏事故，海洋护卫队在全加拿大设立了 72 处战略设施。上述措施对保护加拿大海洋环境发挥了重要的作用。

护卫队的护卫船

3. 保护海洋生物的多样性

在保护海洋生物的多样性方面，加拿大政府和非政府组织加强了对海洋生物种群的丧失和劣化、海洋气候变动的影响、深水生态系统的变化等方面的研究，并采取了限制捕捞捕杀濒危海洋鱼类和动物的措施。为保护鳕鱼、大马哈鱼等鱼种和鲸等海洋动物，政府投资近 5 亿加元，建立各种研究所和保护设施。

4.制定综合管理计划

为了更好地开发和利用海洋资源，对利用、管理生物资源和非生物资源原则上必须一致。因此，加拿大决定制定面临世界三大洋的海岸带综合管理战略；协调政府和咨询机关的关系；制定新的综合管理计划和相应的海洋法律；加强海洋情报的收集和评价。

5.确保海运和海事安全

加拿大海域每年航行的船舶要超过 10 万艘，运输的货物超过 360 万吨。在确保海运和海事安全方面，政府主要考虑：海运和相关产业对加拿大经济的意义；环境标准及其实施；船舶航行的自由；责任范围；严防船舶污染环境；提高海洋气象预报业务；设定船舶航行的敏感海域。

6.振兴海洋产业

在提高海洋产业的经济效益，扩大海洋技术产业方面，加拿大政府正进一步加强对商业化的研究，掌握海洋产业动向；改善政府对海洋产业的管理体制；加强政府与民间企业的协作；制定多目的利用海洋的原则；加强石油和天然气开发与管理；振兴海洋娱乐业。

7.增进国际合作

为了明确加拿大在国际上的海洋战略地位，发挥海洋科学、水理学、监测、管理与技术等方面的作用，加拿大将增进国际合作，积极参与全球性课题的研究。

8.增强公共教育

加拿大强调要加强对公众，特别是青少年的教育，增强全社会的海洋保护意识观念，提高个人和组织对海洋战略的贡献能力。

中国防治海洋污染措施

中国政府高度重视海洋环境污染的防治工作，采取一切措施防止、减轻和控制陆上活动和海上活动对海洋环境的污染损害。按照陆海兼顾和河海统筹的原则，将陆源污染防治和海上污染防治相结合，重点海域污染防治规划与其沿岸流域，城镇污染防治规划相结合，海洋污染防治工作取得了较大进展。面对新的严峻形势和挑战，中国将进一步采取一系列的政策和措施，坚持不懈地做好海洋污染防治工作。

制定和实施"碧海行动计划"。努力改善海域生态环境。《渤海碧海行动计划》经国务院批复正式实施，并纳入国家环境保护"九五"和"十五"计划中的的环境综合治理重点工程。通过计划中的城镇污水处理厂、垃圾处理厂、沿海生态农业、沿海生态林业、沿海小流域治理、港口码头的油污染防治、海上溢油应急处理系统的建设以及"禁磷"措施的实施，初步遏止渤海海域环境继续恶化趋势。为保护和改

碧海行动

善海洋生态环境，促进沿海地区的经济持续，快速，健康发展，目前沿海其他7省、市、自治区也正在编制本区域的"碧海行动计划"，制定陆源污染物防治和海上污染防治的具体措施。此外，长江口及其邻近海域生态环境日趋恶化，赤潮频繁发生，并直接威胁长江三角洲社会经济的可持续发展，为改善长江口及毗邻海域的生态环境，中国正在制定长江口及毗邻海域碧海行动计划。

防止和控制沿海工业污染物污染海域环境。随着沿海工业的快速发展和环境压力的加大，中国政府采取一切措施逐步完善沿海工业污染防治措

施。①通过调整产业结构和产品结构，转变经济增长方式，发展循环经济。②加强重点工业污染源的治理，推行全过程清洁生产，采用高新适用技术改造传统产业，改变生产工艺和流程，减少工业废物的产生量，增加工业废物资源再利用率。③按照"谁污染，谁负担"的原则，进行专业处理和就地处理，禁止工业污染源中有毒有害物质的排放，彻底杜绝未经处理的工业废水直接排海。④加强沿海企业环境监督管理，严格执行环境影响评价和"三同时"制度。⑤实行污染物排放总量控制和排污许可证制度，将污染物排放总量削减指标落实到每一个直排海企业污染源，做到污染物排放总量有计划地稳定削减。

防止和控制沿海城市污染物污染海域环境。中国自改革开放以来，沿海城市发展迅速，对沿岸海域环境压力加剧。对此，中国政府采取有力措施防止、减轻和控制沿海城市污染沿岸海域环境，调整不合理的城镇规划，加强城镇绿化和城镇沿岸海防林建设，保护滨海湿地，加快沿海城镇污水收集管网和生活污水处理设施的建设，增加城镇污水收集和处理能力，提高城镇污水处理设施脱氮和脱磷能力，沿海城市环境污染防治能力进一步加强。到2010年，所有沿海重点城市污水处理率达到70%以上，垃圾无害化处理率达到80%。同时，加强沿海城市污染治理的监督管理，结合国家"城考"、"创模"和"生态示范区"建设，将沿海城市近岸海域环境功能区纳入考核指标，强化防止和控制沿海城市污染物污染海域环境的措施。

防止、减轻和控制沿海农业污染物污染海域环境。一些沿海省、市结合生态省、生态市建设，积极发展生态农业，控制土壤侵蚀，综合应用减少化肥、农药径流的技术体系，减少农业面源污染负荷。严格控制环境敏感海域的陆地汇水区畜禽养殖密度、规模，建立养殖场集中控制区，规范畜禽养殖场管理，有效处理养殖场污染物，严格执行废物排放标准并限期达标。

流域污染防治和海域污染防治相结合。国家环保总局组织编制了《辽河水污染防治计划》、《海河水污染防治计划》、《淮河水污染防治计划》等防治陆源污染综合治理计划，经国务院批复正式实施。通过上述"计划"

污水处理厂

中的城镇污水处理厂、垃圾处理厂、生态农业、生态林业、小流域治理等污染治理和生态建设工程，有效地削减河流入海污染负荷。

防止、减轻和控制船舶污染物污染海域环境。在渤海海域，启动船舶油类物质污染物"零排放"计划，实施船舶排污设备铅封制度，加强渔港、渔船的污染防治。建立大型港口废水、废油、废渣回收与处理系统，实现交通运输和渔业船只排放的污染物集中回收、岸上处理、达标排放。

制定海上船舶溢油和有毒化学品泄漏应急计划，制定港口环境污染事故应急计划，建立应急响应系统，防止、减少突发性污染事故发生。目前，《中国船舶重大溢油事故应急计划》已经完成，今后将积极协调有关部门和沿海省、自治区、直辖市人民政府制定《国家重大海上污染事故应急计划》。

防止、减轻和控制海上养殖污染。我国海水养殖主要位于水交换能力较差的浅海滩涂和内湾水域，养殖自身污染已引起局部水域环境恶化。今后，应建立海上养殖区环境管理制度和标准，编制海域养殖区域规划，合理控制海域养殖密度和面积，建立各种清洁养殖模式，控制养殖业药物投放，通过实施各种养殖水域的生态修复工程和示范，改善被污染和正在被污染的水产养殖环境，减轻或控制海域养殖业引起的海域环境污染。

防止和控制海上石油平台产生石油类等污染物及生活垃圾对海洋环境的污染。2007年部分海洋油气区专项环境监测结果显示，油气田及周边区域的环境质量符合该类功能区环境质量控制要求，未对邻近其他海洋功能区产生不利影响，开发过程中无重大溢油事故发生。在钻井、采油、作业平台应配备油污水、生活污水处理设施，使之全部达标排放。海洋石油勘探开发应制定溢油应急方案。

　　防止和控制海上倾废污染。严格管理和控制向海洋倾倒废弃物，禁止向海上倾倒放射性废物和有害物质。2007 年主要倾倒区及其周边环境监测表明，所监测倾倒区的底质环境状况总体保持正常，倾倒区尚有底栖生物存在，其优势类群主要为软体动物和节肢动物，倾倒区环境质量基本满足倾倒区的环境功能要求。今后应加强对倾倒区的监督管理和监测，严格执行倾废区的环境影响评价和备案制度，及时了解倾倒区的环境状况及对周围海域环境、资源的影响，防止海洋倾倒对生态环境、海洋资源等造成损害。

海洋环境保护

海洋环境保护是在调查研究的基础上，针对海洋环境方面存在的问题，依据海洋生态平衡的要求制定有关法规，并运用科学的方法和手段来调整海洋开发和环境生态间的关系，以达到海洋资源的持续利用的目的。海洋环境是人类赖以生存和发展的自然环境的重要组成部分，包括海洋水体、海底和海面上空的大气，以及同海洋密切相关，并受到海洋影响的沿岸和河口区域。前面已经讲到，海洋环境问题的产生主要是人们在开发利用海洋的过程中，没有考虑海洋环境的承受能力，低估了自然界的反作用，使海洋环境受到不同程度的损坏。首先是向海洋排放污染物；其次是某些不合理的海岸工程建设，给海洋环境带来的严重影响；第三是对水产资源的过度捕捞，对红树林、珊瑚礁的乱伐乱采，也危及生态平衡。上述问题的存在已对人类生产和生活构成严重威胁。为此，海洋环境保护问题已成为当今全球关注的热点之一。

保护海洋就是保护人类自己

随着世界人口的急剧增长，以及人类物质生活的提高，各种工业垃圾和生活废物的数量正在成倍地增长。近50年来，人类向海洋倾倒的废物已为初期的20倍，这个增长幅度还在加大。尤其是来往于大洋间的数以10万吨计的超级油轮越来越多，一次触礁或撞船等事故的发生，往往会造成几万至几十万吨以上石油的污染，严重地威胁着海洋鱼类等生物的生存。一些有害有毒物质长期在这些生物中聚积，一旦被人体吸入，将会导致大规模病害，影响人体健康。这些油轮即使不出事故，按惯例在卸完油后，在公海用海水清洗油舱后泄入海里的油垢，约为油轮装载量的1%。也就是说，一条油轮装运100次所清洗油舱溢出的石油，等于发生了一次沉船事故泄漏出的全船石油。可见这种不易觉察的污染远远超过发生事故造成的污染，这仅仅是污染海洋的一种因素而已。

据资料表明，海上污染的80%来自陆地，陆源污染物向海洋转移，是造成海洋污染的主要根源。陆地上形成的污染物，本应在陆地处理后，再有限制地向海洋倾倒。但是事实并不如此，大量未经处理的陆源污染物直接或间接进入海洋的事例，愈演愈烈，屡禁不止。除此以外，来自大气层中的烟尘和一些化学物质也源源不断地归入海洋，某些国家沉放在深水区的放射性物质也有增无减等等。如今的海洋再也承受不了日益加重的污染负担，人类不能等到海洋的蓝色消失后，再来控制污染整治海洋。我们要以过去遭受污染，经过整治重新恢复海洋面貌的事例，告诫人类把海洋当作倾倒废物和洗涤脏物场所的代价太大了。

濑户内海是日本最大的内海，20世纪70年代初遭受严重污染，1/3海底是散发着腥臭味的污泥，铜、铅、汞等重金属含量高得惊人，几乎没有生物栖息场所，赤潮频频发生，渔业资源荡然无存，海水为之变色，一派萧条景象。日本政府为此作为国家一项重大工程来抓，制定了法制管理规定，明确了防治对策，经过近20年的努力，终于出现生机，逐步恢复已有过的繁荣风光。

英国泰晤士河是最早遭受现代工业化污染的一条世界著名河流，当年工业污水排泄沟到处横行，河水成为酱油色，散发阵陈臭味，鱼虾基本绝迹。从20世纪50年代开始，政府和企业界投入巨额资金，从综合治理入手，严格控制污染源，撤迁大批排泄废水的工厂，使绝迹将近百年的鱼群又重新巡游水中，一群群飞鸟整日在河面上飞翔，装饰豪华的大小游艇不时穿梭在河道中，一派田园景象又重新回到泰晤士河上。

上述两个事例说明，人类应该从失误中尽快觉悟，按自然规律办事，不断提高科学文化素养，健全必要的管理法规，依法治理，才能还海洋一个清洁的水体，让海洋造福人类。

污染海洋，就是危害人类自己！

保护海洋，就是保护人类自己！

海域使用管理

海洋产业在各沿海国家经济发展中的地位日益重要，海洋产值亦呈快速增长趋势。而伴随着开发利用海洋活动的密度和强度的增加，海洋利用的秩序出现了混乱，海洋环境和海洋资源也受到了严重破坏。为了合理开发利用海洋及其资源，促进海洋产业的协调、可持续发展，保护海洋所有权人和使用权人的权益，沿海各国相继加强了对海域使用与管理的立法。

各国海域使用制度的确立

1. 英国的海域使用制度立法概况

在历史上，英国曾一度是世界上最为发达的海洋大国，其海域使用与资源开发历史悠久，海洋科学技术一直处于世界前列，海洋产业在其国民经济中占有着重要的地位。而关于海域使用的立法，也向来为英国政府和立法机关所重视，其海域使用制度颇为发达并为各沿海国家所效仿。

英国在海域使用制度方面的基本法律，是 1961 年制定的《皇室地产法》。该法以潮间带和 12 海里领海属英国皇室地产这一历史传统（该传统来源于古罗马法的"公共托管原则"）为立

英国立法机构

法依据，规定使用这些皇室地产修建港口、码头、栈桥、管道，围海、填海，进行水产养殖以及海底矿砂开采等，必须获得皇室地产委员会的许可，由其颁发海岸或海域使用证，并须缴纳租用费（地租）。该法是目前英国调整海域使用活动的主要法律。在此之前英国还颁布有《海岸保护法》，该法要求成立海岸保护委员会，以行使海域使用过程中海岸保护的权力；涉及海岸保护费用的条款在该法中占据了相当大的比重，该法规定为加强海岸的保护，任何通过开展与海岸有关的工程而受益的人员，均须向当局缴纳费用。以这两部法律为依据，英国建立了完备的海岸与海域使用许可制度和有偿使用制度。

由于英国近海海域油气资源相当丰富，在其海洋资源中占据首要地位，为有效地管理和促进近海油气开发，英国于1964年专门颁布了《大陆架石油规则》。该规则规定，英国及其殖民地公民、在英国居住的个人和在英国设立的法人均可依据该规则申请在其领海下的底土或任何特定区域的底土中进行石油勘探和生产的许可证，但持证人应在许可期间内按规定的方式缴纳矿区使用费及其他规费。该规则还有3个附件，即勘探许可证和生产许可证申请书格式、勘探许可证标准条款和生产许可证标准条款。

此外，由于英国的海岸带管理是当作土地利用规划系统的一个方面来对待的，所以，其于1971年颁布的《城乡规划法》也涉及海域使用问题。依据该法，任何开发均须事先得到地方规划局的同意，海域的开发使用也不例外。另外，其1974年颁布的《海上倾废法》也与海域使用有关。依据该法，除非得到许可，禁止从车辆、船舶、飞机、气垫船、海洋或陆地构筑物上向海中或有潮水域永久性地投弃任何物质，以保护海洋环境。

2. 美国的海域使用制度立法概况

美国海岸线全长22680千米，是世界上海岸线最长的国家，其75%以上的人口均居住在邻接海洋和五大湖的各州。历史上，美国对海洋的使用主要是在商业、海事运输、食物生产和安全防御等方面，其对海域使用的

137

管理可以追溯到美国建国之前的久远年代。自 20 世纪 30 年代以来，由于全球涉海经济的发展，海洋利用越来越受到各国重视，美国亦逐步加强了有关海域使用的立法。至 70 年代，其海域使用管理的立法达到高峰，并基本形成了一套有关海域使用管理的法律体系。进入 80 年代，立法重心则转到对这些法律的修订上。到目前为止，美国已形成了较为成熟的海域使用管理的立法体系，在若干制度上也较为先进。应该说，美国的海域使用立法基本上是

美国海岸

立足于管理的角度，但透过这些立法，我们也不难捕捉到其海域使用权制度的大体轮廓。

1945 年，杜鲁门总统发布了关于大陆架资源和渔业保护的大陆架（2667 号）和渔业（2668 号）两个公告，单方面提出了对大陆架资源的要求和在水下土地的上覆水域建立渔业养护区的权利，这两个公告基本确定了以后美国海域使用的立法走向。之后，美国联邦政府和各州之间进行了一场关于领海底土及其资源所有权归属的长期论争，沿海各州及众议院

美国的国会

力主联邦政府应放弃沿岸海域底土及其资源所有权的要求，而联邦政府和最高法院则主张联邦政府应对此拥有至高无上的所有权。争论的结果是 1953 年 5 月 23 日《水下土地法》的出台；同年，为履行杜鲁门公告而制定的《外大陆架土地法》也

宣布颁行。根据这两项法律，沿海各州拥有领海海域底土及资源的所有权，而领海以外的大陆架土地和资源的所有权则归联邦政府拥有，由此决定了美国海域使用管理中联邦和州政府分权的原则，且在近十几年里，还出现了州政府对沿岸海域之管理权力不断扩大的趋势。

1972年，调整美国海域使用的重要法律《海岸带管理法》出台。该法强调其目的在于"达到海岸带水土资源的广泛利用，并充分考虑生态、文化、历史、美学价值和经济发展的需要"。依据该法，美国确立了海域使用活动的基本原则——"一致性原则"，并初步确立了海域使用的许可证制度和有偿使用制度，该法还对联邦和州政府海域管理的权限划分作了较详细的规定。

为了控制海水污染，保护海洋环境，美国国会于1972年还通过了《海洋保护、研究和自然保护区法》，它要求商务部制定一项长期规划，以解决海域污染、过度捕捞及海洋生态系统的人为变化可能造成的长期影响。为调整深水港的海域使用问题，美国于1974年颁布了《深水港法》，规定深水港的建造和使用应进行广泛的协调，须与国家的海洋政策和利益相对应。为了加大对海洋渔业的调整力度，美国又于1976年颁布了《渔业养护和管理法》，该法明确必须制定和实行国家渔业管理标准，建立渔业管理委员会，健全渔业保护和管理原则，它标志着美国由传统的渔业管理制度开始转向综合的渔业管理。

3. 日本的海域使用制度立法概况

日本是一个四面环海的海洋国家，陆地资源匮乏，其国内资源主要来源于海洋。随着科技的发展，日本经济的重心也由重工业、化学工业逐步向海洋转移，日本经济发展和社会生活越来越依赖于海洋，有效地开发利用海洋成为日本的一个非常重要的战略。因此，较之世界其他国家，日本更为重视海域使用立法，并较早地建立了一套完整的海域使用与管理法律体系，而且，这些法律多得到了良好的实施。可以说，日本较为完备的海洋立法，对规范其海域的所有及使用，推动其经济起飞和整个国力的增强，发挥了巨大的作用。

日本人工岛

日本对海域的利用较为充分，除航运、渔业、矿产资源及海水资源的开发利用外，还大规模地进行围海造地，建造人工岛、海上机场、工业用地、居住用地，开辟人造海滨、海水浴场、旅游基地、海滨娱乐综合设施等。因此，其海域使用立法涉及的范围颇为广泛，仅有关沿岸海域使用的法规就达 24 项，其中不少法律为其他一些国家所仿效。

日本在海域使用方面制定较早的法律是 1921 年颁布的《公有水面填埋法》，该法主要规范将国家所有的水面（其中主要是海域）填埋为陆地的行为。依据该法，任何填埋行为都必须事先获得都道府县知事的许可，该法中对准予许可的条件也作了列举性规定，如符合国土的合理利用及环保和防灾的要求、申请者要有足够的资力和信用、填埋所获收益明显超过可能造成的损害和损失等；同时，该法还对填埋权人享有的权利和义务、填埋权的转让和继承、填埋许可费用等作了详细的规定。《公有水面填埋法》在日本海域使用立法中占据重要地位，这是因为日本国土面积狭小，围海造地成为日本拓展国家生存空间的重要手段。该法制定之后，为韩国等沿海小国所仿效。

日本国会通过《海岸法》

为了规范海岸使用及其管理，防止海岸因海啸、高潮、波浪或地基变化而遭受损害，日本在 1956 年颁布了《海岸法》及内容详细的实施令。规定非海岸管理者在海岸保护区内进行某些海域使用活动，必须要获得海岸管理者许可，且须缴纳占用费或开采费；该法中还对海岸设施建筑的标准作了严格的限制规定。日本海域使用法律体系中另一重要的法律是《渔港法》，这是因为渔业生产在日本国民经济中占有较大比重，在世界上也位居前列，该法自1950年颁布以来，至1989年已修改了29次。但该法主要侧重渔港管理方面的规定，对私人渔业行为调整的规范很少。为弥补其不足，适应渔业发展的需要，日本于1977年颁行了《关于渔业水域的临时措施法》及其施行令，对渔业的许可及其标准作了相应的调整，对渔业费的征收、许可的撤销、附加条件等也作了细化规定。

在大规模地开发利用海洋资源的同时，日本对海域资源保护及环境保护也非常重视。在此方面，日本颁布有《水产资源保护法》、《水质污染防止法》、《海洋污染及海上灾害防止法》以及《濑户内海环境保护特别措施法》等。此外，日本还颁布有合理利用港湾、建设和维护港湾环境及秩序的《港规法》和《港湾法》。

4. 韩国的海域使用制度立法概况

韩国虽不属世界海洋大国，但就韩国本国情况来看，其三面环海，属典型的半岛国家，加之韩国海域的自然条件优越，海洋资源丰富，海洋产业在其国民生产总值中占有较大比重，因而该国高度重视海域使用立法，其发达程度也位于世界前列。

韩国渔港

在韩国的海域使用立法体系中，最为重要的法律是1961年颁布的《公有水面管理法》，该法以公有水面即海域、河流、湖泊、沼泽及其他公用目的的国有水流或水面以及滩涂为调整对象，使用公有水面的权利称为公有水面使用权，海域使用权当然包括于其中。该法就公有水面使用权的许可、费用征收、权利义务以及权利的转让、停止和取消等作了详细的规定。该法中的不少条款、制度为我国的《海域使用管理法》所借鉴。

为调整海域及其他水域的填埋问题，韩国仿照日本制定了《公有水面埋立法》（1962 年颁布）并颁布了详细的施行令和施行规则。其所确立的基本制度，如埋立的许可制度、费用征收制度、埋立后的所有权归属制度等，多与日本的《公有水面填埋法》相似，但其适用范围却被大大地扩张。除调整埋立活动外，该法还适用于水产品养殖场的建造、造船设施的设置、潮汐能利用设施的建造以及利用公有水面的一部分进行永久性设施的建造等。

为明确海洋及其资源的合理开发、利用和保护的基本政策和发展方向，韩国于 1987 年颁布了《海洋开发基本法》，该法在韩国海域使用立法中占据基础地位。该法要求政府制定海洋开发综合计划，并在此基础上制定每年的实施计划。《海洋开发基本法》集中体现了立法机关在海域使用上的基本立法思想，为以后的海域使用立法确立了基调。

韩国调整海洋渔业方面的法律称为《水产法》而非《渔业法》，其原因是该法包括的内容较为繁杂，甚至有渔获物运输业和水产制造业的相关条款，但其主要内容还是海洋渔业方面的规范，尤其是 1990 年修定后的《水产法》，对渔民的权利问题给予了较多的关注。

韩国海域使用立法的另一特点是，与多数国家海底矿产资源的开发适用陆地矿产资源开发的法律不同，其于 1970 年颁行了专门的《海底矿物资源开发法》，对海底矿产资源开采所涉及的一系列法律问题均作了明确的规定。

海域使用管理制度的作用

20 世纪 80 年代以来，在改革开放大潮的推动下，我国海洋产业得到长足的发展，海洋开发利用从过去传统的航运、盐业和捕捞等，迅速发展成海水养殖、海洋油气开采、海水综合利用、海洋旅游及能源开发等多种新型产业齐头并进的繁荣局面。主要海洋产业产值年均增长速度超过 13%，已成为沿海各省市国民经济发展的重要增长点。

然而，由于海域"空间资源"、"环境容量"、"资源容量"的有限性，不同用海行业之间、海洋开发与海洋环境保护之间、一般用海和国防用海之间矛盾日趋尖锐，海域开发的"无序、无度、无偿"状况，使争夺海域空间资源的矛盾已渐突出，海域使用纠纷不断发生，国有海域资源性资产严重流失，海域资源掠夺性开采后果严重，与此相关的涉外事件也呈逐步上升趋势。为加强海域使用的综合管理，2002年，国家颁布了《中华人民共和国海域使用管理法》。在沿海各级人民政府的共同努力下，海域使用管理制度已经在我国全面推行，并取得初步成效。

（1）改善了海域开发秩序，引导产业合理布局。

海域使用管理制度实施以来，各级海洋部门依据海洋功能区划，从全局和整体利益出发，引导产业合理布局，协调和规范各种不同类型的用海活动，为各海洋产业的协调发展创造了一个良好的环境。

（2）缓解了行业用海矛盾，促进各产业的协调发展。

海域使用管理制度的实施，有效地协调解决了沿海各行业之间许多用海矛盾和冲突，特别是大连、青岛、厦门、秦皇岛等著名滨海城市的用海秩序有了明显改善，一些重要港口、渔区、旅游区的违规占用海域的行为开始得到有效遏制。

（3）维护了海域国家所有权，保护了海域使用者的合法权益。

海域使用管理制度的实施，使得海域使用者可以通过合法的手段，取得海域使用权，在国家和使用者之间建立了明确的权利和义务关系，既维护了国家海域所有权，又保护了海域使用者的合法权益。

海岸带是海陆共同作用、海陆特征兼备的特殊国土单元，是人类开发海洋的最集中地带，是人类活动最为频繁的区域。海岸带集中了人类对海洋开发利用的主要活动，包括了海洋开发的几乎全部产业，是矛盾集中的焦点区。如缺乏有效的管理，造成资源开发过度、秩序混乱、环境和资源破坏，必将在很大程度上制约海洋经济和沿海地区经济的健康发展。海岸带资源开发与保护需要超脱于各行业之外的综合、协调管理。目前，我国的海岸带资源开发与保护主要是以行业为主体依照行业管理法规实施的，除此之外，我国《海洋环境保护法》和《海洋自然保护区管理规定》涉及海岸带生态环境保护问题，远远不能满足综合协调管理的要求。海域使用管理是海岸带资源管理的重要组成部分，在我国目前尚未建立海岸带综合管理制度的情况下，首先应该充分利用和发挥海域使用管理制度的作用，从海域使用方面加强对海岸带资源的综合管理。因此，制定和出台海域使用管理法，依法加强海域使用管理，实行权属管理制度和有偿使用制度，是实施海洋资源可持续发展战略，加强海岸带资源保护的迫切要求。

海域使用管理的措施

为加强海域使用管理，逐步实现海域有序、有度、有偿使用，保护海洋和海岸带环境和资源，应采取以下对策和措施。

（1）加大对海域使用管理的力度。

建立起海域使用管理的政策法规体系和科学技术支撑体系框架，使海域使用管理工作逐步实现规范化、系统化和科学化。形成集中、协调、统一的海洋综合管理体制，坚持区域侧重、分清职责、加强协作、权力限制相结合的原则。要确立以海洋综合协调管理体制，调整各涉海部门在海洋开发利用活动中的相互关系，促进海洋资源的合理开发利用及海洋产业的协调发展。

（2）强化依法行政，提高海域执法管理能力。

法律是行政管理部门依法行政的依据，依法行政是海洋管理的必然。要努力提高执法人员综合素质，强化有关执法机构和执法队伍的能力建设，不断提高执法装备技术水平，充分发挥中国海监各海区总队陆、海、空立体监视、快速反应的能力，加大海上执法监察力度，对于破坏资源、污染环境、非法使用海域的行为进行严肃处理，特别要注意军事用海频繁海域的监察管理，确保国防安全和国家的利益，使我国的海域使用管理真正做到有法可依，有法必依，执法必严，违法必究。

（3）加强科技支撑。

运用海洋综合管理信息网络集成，实现实时动态的海城使用管理。我国历来重视海洋信息技术及其应用领域的建设，近年来利用"数字海洋"

的手段，在海洋空间数据信息收集、传输和处理的基础建设，通信网络建设，以及应用软件开发等方面，做了大量的工作。因此，在海域使用管理信息源和信息获取方面，要充分利用"九五"期间已经建成的"海洋基础地理信息系统"、"海岸带综合管理地理信息系统"、"中国海洋资源综合数据库集成"、"海域使用管理信息系统"、"中国海洋信息网"等一系列海洋综合管理信息网络集成，既要掌握海洋基础信息和信息产品等数据信息，还要掌握沿海社会、经济、人口、国家海洋产业开发和海洋资源等统计信息，实现实时动态的海域使用管理模式，提高海域使用管理工作的水平，才能保证引导合理的海洋开发，使海洋产业健康有序地发展。

（4）强化海域使用管理。

规范和保护海岸带资源的开发利用，推动海岸带综合管理。以海洋功能区化为基础，以海洋开发规划为指导，通过海域使用管理，加强对海岸带的综合管理，建立和完善海岸带资源开发许可制度，严格审批程序。按照海域的自然功能属性和合理规划，进行海岸带资源开发利用的使用论证和影响评估。对生态环境脆弱的海域进行海岸带开发时，要特别注重生态环境的保护。对可再生资源，必须要在其能够实现再生良性循环的基础上开发利用；对不可再生的资源开发，必须从严管理，严格控制。最终实现海洋和海岸带资源开发和海洋环境保护同步规划、同步实施、同步发展。

（5）优化海洋产业结构布局，合理发展海洋产业。

我国的海洋产业布局由于缺乏生态经济学的理论指导，不能反映客观自然生态规律的要求，制约着我国海洋产业的可持续发展。近年来随着海岸带和邻近海域的开发利用程度愈来愈高，海洋产业在分配使用岸线、滩涂和浅海方面的矛盾日益尖锐。要解决这一矛盾，必须从海域使用管理的角度考虑，建立国家统一的海洋开发利用管理机构，以协调各个产业部门和地区的开发利用活动；制定有力的海岸带资源管理和生态经济政策，把我国海洋产业的布局放在统一生态经济协调的可持续发展基础上，使其得到合理的开发利用。

（6）深入开展法制宣传工作，增强全民依法用海意识。

增强全民的海洋国土观念，提高依法用海意识，是广泛深入地实施海域使用管理的必要条件。维护国家海域所有权，减少国有资产流失，规范海域开发利用秩序，首先要强化宣传，通过广播、报刊、展览、论坛等形式，加大对海域使用管理重要性和必要性的认识，在沿海地区做到家喻户晓，使社会各界充分认识到做好海域使用管理的重要性和紧迫性，形成依法用海的良好习惯，将保护海洋变成人们的自觉行动，为海域使用管理制度的贯彻执行创造一个良好的外部环境。其次是提高各级政府决策者对海域使用管理重要性的认识，确保海域使用管理制度的有力贯彻实施。

海洋功能区划

海洋功能区划是根据海域的地理位置、自然资源状况、自然环境条件和社会需求等因素而划分的不同的海洋功能类型区，用来指导、约束海洋开发利用实践活动，保证海上开发的经济、环境和社会效益。同时，海洋功能区划又是海洋管理的基础。

我国海洋功能区划的范围包括我国管辖的内水、领海、毗邻区、专属经济区、大陆架及其他海域（香港、澳门特别行政区和台湾地区毗邻海域除外）。

我国的海洋功能区分为5大类，即开发利用区、治理保护区、自然保护区、特殊功能区和保留区。当前海域使用管理工作，尤其是海洋功能区划方面面临新的形势，亟待进一步加强研究、深化管理。

列宁说过，人类认识世界的一个很重要的方法就是分类。他在其他场合也谈到，分类的标准是相对的，有一些主观因素在里面。海洋功能区划也是分类中的一种，要认识海洋、开发海洋和管理海洋，如果不了解海洋的属性，不进行分类，不进行科学区划，就会一事无成，杂乱无章，甚至会发生重大的事故，给子孙后代带来不可逆转的后患。

20世纪80年代末，国家海洋局提出了海洋功能区划的概念，这在管理层面上是一个理论的创建，促进了海洋管理工作。国外在20世纪70年代也同样产生了这样一个思想，加拿大、德国等对海域进行了划分，但是都没有大规模开展区划。一直到21世纪初，一些国家包括美国、澳大利亚、南非开始提出对海域进行分类，进行区划。应该说中国对海洋功能区划这个概念，跟国外是同步发展的，那时候交流还不够，但同时产生这样一个思想。现在开始相互交流，跟荷兰和其他一些国家都展开了这方面的交流。欧盟在 2002 年提出《欧盟海岸带综合管理建议》，这个建议书就是要把整个欧盟所管辖的海域空间进行一个整体的规划，来合理利用区域资源。海洋资源有很多种，空间资源是非常重要的一种。这个空间资源大家用得比较多，然而很多人又不认同它是一种资源，实际上这个资源是非常宝贵的，海洋功能区划的一个重要任务就是要合理的利用海洋空间资源，不单是里面的矿产资源、水资源。现在沿海地区有很多很重要的深水岸线资源，它是一种空间资源，可以建立深水港，具有水上交通等重要作用。在海洋功能区划中要对这些有一个合理的规划，达到科学地使用海域。2006 年，联合国教科文组织召开了一次会议，讨论利用海洋空间规划手段，来实施以生态系统为基础的海域使用管理，此次会议是第一次国际研讨会。从那时直到现在，对海洋空间资源的科学利用一直受到大家的重视。

在海洋工作的发展方式上，必须着力推进海洋经济发展，由数量增长型向质量效益型转变；海洋开发方式由资源消耗型向循环利用型转变；海洋环境保护由污染防治型向污染控制与生态建设并重型转变。在海洋管理中认真做好统筹兼顾，建立健全海洋规划体系。海洋功能区划是国家海洋管理的一项重要的法律制度和基础依据。要落实科学发展观，海洋功能区划应起到更大的作用。

如今国家海洋经济发展相当迅速，海洋功能区划的工作和步伐，如果落后于经济发展，就不能服务和促进海洋经济的发展，所以一定要加快。随着海洋开发的持续快速增长，海洋功能区划对海洋开发、保护和管理的指导作用也需要加强，而且要与经济发展同步，甚至在一些理念上要超前一些，才能做好服务。进入 21 世纪，世界各国都非常关注人口、资源和环境问题，而对这些问题，海洋部门更要做好海洋功能区划的工作，严格执行制定的海洋功能区划。

最后，要加强对海洋功能区划有关的理论和技术的研究。做好海洋功能区划工作，如果仅仅怀着一个良好的愿望，而没有理论指导和技术支撑，也是不可能实现的。《国家"十一五"海洋科学和技术发展规划纲要》中明确提出了"加强海洋功能区划相关领域的研究",这就建立了一个非常好的平台,也就使得这项工作能够真正纳入科学发展、科学指导的道路。专家委员会的任务不仅需要审查海洋功能区划编制技术单位推荐名录,更重要的是要推动海洋功能区划理论研究,举办学术论坛和研讨会,为交流思想、学术研讨提供平台。

海洋保护区的建立

概　述

148

海洋自然保护区是国家为保护海洋环境和海洋资源而划出界限加以特殊保护的具有代表性的自然地带,是保护海洋生物多样性,防止海洋生态环境恶化的措施之一。20 世纪 70 年代初,美国率先建立国家级海洋自然保护区,并颁布《海洋自然保护区法》,使建立海洋自然保护区的行动法制化;中国自 20 世纪 80 年代末开始海洋自然保护区的选划,5 年之内建立起 7 个国家级海洋自然保护区。建立海洋自然保护区的意义在于保持原始海洋自然环境,维持海洋生态系的生产力,保护重要的生态过程和遗传资源。

美国设立世界最大海洋保护区

2006 年 6 月 15 日,美国政府批准把夏威夷岛西北诸岛区域划为世界最大的海洋保护区。这个占地 195000 平方英里(约 50 万平方千米)的地带,将禁止一切采矿和商业捕捞活动(1 英里 = 1.6093 千米)。

这个区域包括马里亚纳海沟(Mariana Trench)和美国萨摩亚群岛里的玫瑰环礁(Rose Atoll)。马里亚纳海沟是世界上最深的海沟。位于太平洋中部地区赤道附近的 7 座小岛也将受到这一计划的保护。这一区域的环礁、暗礁和水下山脉是数百种珍稀鱼类和鸟类的栖息地,其中包括稀有鸟类马来西亚冢雉(Malaysian megapode),这种鸟在该地温热的火山灰里孵卵。

马里亚纳海沟位于海平面以下 36000 英尺（1 英尺 = 0.3048 米）的地方，深达 6.8 英里。最深处比得上世界最高峰珠穆朗玛峰的高度，而且面积是美国大峡谷的 5 倍。玫瑰环礁是世界上最小的环礁，面积大约只有 20 英亩（1 英亩 = 4047 平方米）。之所以会起这样一个名字，是因为外侧环礁斜坡上长满

在贾维斯岛附近发现珊瑚

了粉色的珊瑚藻类。玫瑰环礁是那些受到灭绝威胁的绿海龟和濒临灭绝的玳瑁海龟筑巢的重要地方。

在金曼礁上发现珊瑚

三个地方将被正式称为马里亚纳群岛海洋国家历史遗址（Marianas Marine National Monument）、玫瑰环礁海洋国家历史遗址（Rose Atoll Marine National Monument）和太平洋岛海洋国家历史遗址（Pacific Islands Marine National Monument）。环保组织非常欢迎这项举措，不过表示希望这个保护区能再扩大 200 海里，覆盖整个美国专属经济区。

澳大利亚大堡礁

大堡礁是世界上最大、最长的珊瑚礁区，是世界七大自然景观之一，也是澳大利亚人最引以为自豪的天然景观，又称为"透明清澈的海中野生

149

王国"。

大堡礁位于澳大利亚东北部昆士兰省，是一处延绵 2000 千米的地段，它纵贯蜿蜒于澳大利亚东海岸，全长 2011 千米，最宽处 161 千米。南端最远离海岸 241 千米，北端离海岸仅 16 千米。在落潮时，部分的珊瑚礁露出水面形成珊瑚岛。这里景色迷人、险峻莫测，水流异常复杂，生存着 400 余种不同类型的珊瑚礁，其中有世界上最大的珊瑚礁，鱼类 1500 种，软体动物达 4000 余种，聚集的鸟类 242

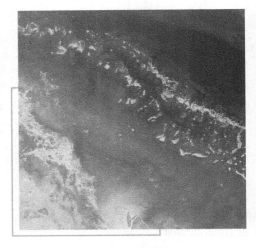

大堡礁卫星图

种，有着得天独厚的科学研究条件，这里还是某些濒临灭绝的动物物种（如儒艮和巨型绿龟）的栖息地。

世界上最大的珊瑚礁区，延伸于澳大利亚东北岸外，长逾 2000 千米，距岸 16～160 千米，由数千个相互隔开的礁体组成。许多礁体在低潮时显露或稍被淹没，有的形成沙洲，有的环绕岛屿或镶附大陆岸边。是数百万年来由珊瑚虫的钙质硬壳与碎片堆积，并经珊瑚藻和群虫等生物遗体胶结而成。至少有 350 种色彩缤纷、形态多样的珊瑚，生长在浅水大陆棚的温暖海水中。据钻探，礁体之下是早第三纪陆相堆积，说明该地区原先位于海面以上。自早中新世以来，陆地下沉，间有数次回升。在海底礁坡上有多级阶地，相当于更新世冰川引起

大堡礁位置

的海面变动的停顿期。礁区海底地形复杂，有穿过礁区与现代河口相连的许多谷地，这是古代陆上侵蚀产物。礁区海水温度季节变化小，表面水温高 21℃~38℃（70 ℉~100 ℉），向深处去温度变化不大。海水清澈，可清楚看到 30 米深处的海底地形。礁区海洋生物丰富，有彩色斑斓、形状奇特的小鱼；还有宽 1.2 米、重 90 千克的巨蛤和以珊瑚虫为食的海星。植物贫乏。养珠业发达，有对虾和扇贝繁殖区。大堡礁吸引着越来越多的旅游者。北昆士兰岸外建有水下观测站。有从大陆海滨城市到大堡礁的航线。其他资源有石灰、石英沙等。最近发现石油，已开始测量和试钻。

令人不可思议的是，营造如此庞大"工程"的"建筑师"，是直径只有几毫米的腔肠动物珊瑚虫。珊瑚虫体态玲珑，色泽美丽，只能生活在全年水温保持在 22℃~28℃的水域，且水质必须洁净、透明度高。澳大利亚东北岸外大陆架海域正具备珊瑚虫繁衍生殖的理想条件。珊瑚虫以浮游生物为食，群体生活，能分泌出石灰质骨骼。老一代珊瑚虫死后留下遗骸，新一代继续发育繁衍，像树木抽枝发芽一样，向高处和两旁发展。如此年复一年，日积月累，珊瑚虫分泌的石灰质骨骼，连同藻类、贝壳等海洋生物残骸胶结一起，堆积成一个个珊瑚礁体。珊瑚礁的建造过程十分缓慢，在最好的条件下，礁体每年不过增厚 3~4 厘米。有的礁岩厚度已达数百米，说明这些"建筑师"们在此已经历了漫长的岁月。同时也说明，澳大利亚东北海岸地区在地质史上曾经历过沉陷过程，使追求阳光和食物的珊瑚不断向上增长。在大堡礁，有 350 多种珊瑚，无论形状、大小、颜色都极不相同，有些非常微小，有的可宽达 2 米。珊瑚千姿百态，有扇形、半球形、鞭形、鹿角形、树木和花朵状的。珊瑚栖息的水域颜色从白、青到蓝靛，绚丽多彩。珊瑚也有淡粉红、深玫瑰红、鲜黄、蓝相绿色，异常鲜艳。

大堡礁景色

大堡礁也是一座巨大的

天然海洋生物博物馆。在辽阔澄碧的海面上，点缀着一个个色彩斑斓的岛礁，大礁套小礁，环礁包着潟湖，礁外波涛汹涌，礁内湖平如镜。礁上海水淹不到的地方，已发育了较厚的土层，椰树、棕榈挺拔遒劲，藤葛密织，郁郁葱葱，一派绚丽的热带风光。透过温暖清澈的海水，可看清400余种珊瑚所构成的密密丛丛海底"森林"，千姿百态，五彩缤纷。珊瑚丛中游戈着1500种鱼和4000种软体动物，这里也是儒艮和大绿龟等濒临绝灭动物的栖息之地。肥大的海参在蠕动，大红大黄的海星在爬动，奇形怪状的蝴蝶鱼、厚唇鱼穿梭如织，还有近1米的大龙虾、上百千克重的砗磲、潜伏礁中的石头鱼。这里又是鸟类的乐园，成群的海鸟如云遮空，更为大堡礁增添勃勃生机。

挪威扩大海洋保护区

2003年12月19日，挪威政府宣布，扩大海洋资源保护区，禁止人们在其区域采矿、开采天然气或石油，以保护当地的海洋生物，其中包括北极熊、海豹、鱼等。

挪威环境大臣伯厄·布伦德在谈到旨在保护斯瓦尔巴群岛生态环境的新保护区时说："这些地区非常脆弱，但对海鸟、北极熊和海象等海洋动物具有重要意义。"

挪威政府指出，该国将海洋保护区域从围绕斯瓦尔巴群岛4海里的区域扩大到12海里，使保护区的面积增加了4.1万平方千米。

12月15日，在环保人士和渔业部门的要求下，挪威政府还决定保护位于斯瓦尔巴尔群岛以南的景色优美的罗弗敦群岛。

挪威政府保护斯瓦尔巴

罗弗敦群岛

群岛和罗弗敦群岛的决定，被世界自然基金会北极项目负责人萨曼沙·史密斯称为"政府给每一个关心环保的人的双份圣诞礼物"。

我国海洋自然保护区

1995 年，我国有关部门制定了《海洋自然保护区管理办法》，贯彻养护为主、适度开发、持续发展的方针，对各类海洋自然保护区划分为核心区、缓冲区和试验区，加强海洋自然保护区建设和管理。目前，我国已建立各种类型的海洋自然保护区 60 处，所保护的区域面积近 130 万公顷，其中国家级 15 个、省级 26 个、市县级 16 个。

我国第一批国家级自然保护区有 5 个，即河北省昌黎黄金海岸自然保护区，主要保护对象是海岸自然景观及海区生态环境；广西山口红树林生态自然保护区，主要保护对象是红树林生态系统；海南大洲岛海洋生态自然保护区，主要保护对象是金丝燕及其栖息的海岸生态环境；海南省三亚珊瑚礁自然保护区，主要保护对象是珊瑚礁及其生态系统；浙江省南麂列岛海岸自然保护区，主要保护对象是贝、藻类及其生态环境。

1. 蛇岛—老铁山自然保护区

蛇岛—老铁山国家级自然保护区位于辽东半岛南端、大连市旅顺口区西部，是 1980 年经国务院批准建立的野生动物类型保护区，是环保系统建立的第一个国家级自然保护区。保护区由蛇岛和老铁山地区两部分组成，总面积 14595 公顷，其中蛇岛面积 155 公顷（包括蛇岛周围 200 米海域）。主要保护对象是蛇岛蝮蛇和候鸟及其生态环境。1981 年成立了保护区管理处，现已更名为辽宁蛇岛老铁山国家级

蛇 岛

自然保护区管理局。下属单位有蛇岛老铁山自然博物馆、大连蛇岛医院和大连蛇类蛇毒研究所。1993 年首批被纳入"中国生物圈保护区网络"单位。

2. 鸭绿江口滨海湿地自然保护区

辽宁鸭绿江口滨海湿地国家级自然保护区位于辽宁省东港市境内，面积 10.81 万公顷，1987 年经原东沟县人民政府批准建立，1995 年晋升为省级，1997 年被批准为国家级。

保护区主要保护对象是珍稀物种和生态环境，鸭绿江口湿地不但是水鸟迁徙的重要停歇地，同时具有蓄水调洪、调节气候和降解污染等功能。自建立国家级自然保护区以来，克服了建区时间短、地方经济不发达、机构建设不完备等因素，开展了大量工作，尤其近 2 年其建设和管理正逐步走向正轨，为实现亚太地区迁徙水鸟保护战略做出了积极努力。

鸭绿江口滨海湿地

辽宁鸭绿江口滨海湿地国家级自然保护区地处中国海岸线的最北端，为华北和东北植物区系的交汇处。区内陆地、滩涂、海洋三大生态系统交汇过渡，形成了包括芦苇湿地、沼泽、湖沼、潮沼及河口湾等复杂多样的生态系统类型，自然环境特殊、敏感、脆弱，湿地生态系统的形成与演变漫长而复杂。本区的物种资源比较丰富，低等植物至高等植物 337 种，高等植物有 64 科、289 种，其中野大豆为国家重点保护野生植物。野生动物中，有鱼类 88 种、两栖类 3 种、鸟类 15 目 44 科 241 种、底栖动物 74 种、浮游动物 54 种。本区还拥有非常丰富的经济动植物资源，年产芦苇 5 万吨，文蛤、蛏等水产品 9 万多吨。保护区的建立，为全球提供了一个永久性的滨海湿地生态环境的天然本底和野生生物的基因库，具有重要的经济、社会和环境价值。

鸭绿江口滨海湿地国家级自然保护区的鸟类资源十分丰富。每年在此越冬、迁徙、栖息的鸟类数量达上百万只,其中国家一级保护鸟类有丹顶鹤、白枕鹤、白鹤、白鹳等8种,国家二级保护鸟类有大天鹅、白额雁、白琵鹭、小杓鹬等30种,还有世界濒危鸟类黑嘴鸥和斑背大苇莺。在中日(227种)、中澳候鸟保护协定中分别占有121种和43种。为东北亚重要的鸟类栖息的迁徙停歇地。

3. 昌黎黄金海岸自然保护区

昌黎黄金海岸自然保护区是国务院1990年9月30日批准建立的首批5个国家级海洋类型自然保护区之一。该区位于河北省东北部秦皇岛市昌黎县沿海,面积300平方千米,分陆域和海域两部分,其中陆域北起大蒲河南岸,南至滦河口北岸,东起低潮线,东西纵深2～4千米,面积91.5平方千米。海域部分北起北纬39°37′,南至北纬39°32′,西起低潮线,东至东经119°37′,面积208.5平

昌黎黄金海岸自然保护区

方千米。保护区的主要保护对象为沙丘、沙堤、潟湖、林带和海洋生物等构成的沙质海岸自然景观及所在海区生态环境和自然资源,是研究海洋动力过程和海陆变化的典型岸段,具有重要的生态价值、科研价值和观赏价值。

4. 盐城珍禽自然保护区

盐城自然保护区位于江苏省盐城市。该保护区主要保护以丹顶鹤为主的珍禽。这里有盐蒿滩、草滩、芦苇沼泽7万公顷,为鸟类提供了良好的栖息地,是全球最大的丹顶鹤越冬地。珍稀动物除丹顶鹤外,还有白鹳、白

鹤、白肩雕、白头鹤、白枕鹤、黑鹤、灰鹤、天鹅等。

其 1983 年建立，1992 年 10 月被批准为国家级自然保护区，同年 11 月联合教科文组织纳入世界生物圈保护区网络。1996 年又被纳入"东北亚鹤类保护区网络"。面积 453000 公顷。

盐城珍禽自然保护区

5. 南麂列岛海洋自然保护区

国家海洋自然保护区——南麂列岛

南麂列岛是国家级海洋自然保护区

南麂列岛国家级海洋自然保护区位于中国浙江省平阳县以东海域，其中心点为北纬 27°27′，东经 121°25′，总面积为 201.06 平方千米，其中海域面积 190.71 平方千米。距浙江省平阳县鳌江港 56 千米，离台湾岛约 150 千米。最大岛屿为南麂岛，面积 7.64 平方千米，因形似麂而得名。该保护区地处温带和热带的过渡带，受台湾暖流和浙江沿岸流影响，为海洋生物栖息生长提供了良好的场所。是中国建立的第一个海岛海域生态系自然保护区，不仅在海洋生态方面有着重要的研究价值，也是海洋生物"南种北移，北种南移"的资源库。

6. 深沪湾海底古森林遗迹自然保护区

深沪湾海底古森林遗迹自然保护区位于福建省晋江市深泸湾内，经纬度为东经 118°，北纬 24°。全区面积 31 平方千米，其中陆域面积 5 平方千米，海域面积 22 平方千米。以保护 7500 年前的古树桩遗迹、9000～25000

年前的已胶结古牡蛎礁、石圳海岸变质岩区、老红砂分布区和海岸沙丘等
地质景观为主要内容，其保护对象为海底古森林、牡蛎礁和海蚀变质岩等。
自 1986 年 7 月被广东省地震局徐起浩发现以来，先后于 1990 年 6 月被定为
县级保护区，1992 年被中国国务院以国函 92（166）号文确立为国家级海
洋自然保护区，2004 年 1 月 29 日，又正式被批准为国家地质公园。

深沪湾海底古森林遗迹
自然保护区这种类型的保护
区在中国是独一无二的，在
世界上也是少有的。区内埋
藏于潮间带经历 7800 多年历
史的油杉树林遗迹有 20 多
棵，大片成长于数千年的牡
蛎礁，典型的海蚀红土陵岩、
卵石海滩岩和现代堆积中的
细沙丘，以及可展示古生代、
中生代、新生代等漫长地质

海底古森林遗迹

历史演变的独特、典型、出露良好而又多种多样的海蚀变质岩。为研究古海
洋、古地理、古气候、古植物，研究台湾海峡地质构造与海平面升降运动及
太平洋地质板块运动，研究泉州市古港海外交通史提供可靠的科学依据。

在日本富士湾和鱼津分别发现了赤杨和柳杉的海底古森林，已被列为国
际自然遗迹。赤杨只有 4 棵，距今八九千年；柳杉只有十几棵，距今 2000 年。
而我国深沪湾的海底油杉，从年代、规模、数量方面均可与之媲美。国内外
的专家、学者对此有极大的兴趣，且多次前往考察、研究。在海外的泉州、
晋江籍华侨也为故乡有此珍宝而骄傲。深沪湾海底古森林遗迹自然保护区的
真正价值将逐步被世界所认识，成为人类宝贵的自然历史遗产。

7. 惠东港口海龟自然保护区

惠东港口海龟自然保护区位于广东省惠东县境内，面积 1400 公顷，为
亚洲大陆唯一的海龟自然保护区。1986 年经广东省人民政府批准建立，

1992 年晋升为国家级，主要保护对象为海龟及其产卵繁殖地。本区属亚热

惠东港口海龟自然保护区

带海洋性气候，地处大亚湾与红海湾交界处，东北西三面环山，南面濒海，为一东西长 1000 米、南北宽 70 米的沙滩带，近岸水深 10～15 米，海底平坦，饵料丰富，是海龟的传统产卵场，也是南海北部大陆沿岸唯一的产卵场。海龟属国家二级重点保护野生动物，由于长期随意捕杀和挖取龟卵，已面临濒危境地。

8. 内伶仃岛—福田自然保护区

广东内伶仃岛—福田自然保护区建于 1984 年 10 月，1988 年 5 月晋升为国家级自然保护区。总面积约 921.64 公顷，它由内伶仃岛和福田红树林两个区域组成。其中，福田红树林区域是全国唯一一处在城市腹地、面积最小的国家级森林和野生动物类型的自然保护区。

内伶仃岛保护区位于珠江口内伶仃洋东侧，处在深圳、珠海、香港、澳门之间，总面积约 554 公顷，最高峰尖峰山海拔 340.9 米。内伶仃岛峰青峦秀，翠叠绿拥，秀水长流，保存着较完好的南亚热带常绿阔叶林。植物种类繁多，有维管植物 619 种，其中白桂木、野生荔枝等为国家重点保护植物；野生动物资源也十分丰富，主要保护对象为国家二级保护兽类猕猴，总数达 900 多只，此外还有水獭、穿山甲、黑耳鸢、蟒蛇、虎纹蛙等重点保护动物。

9. 湛江红树林

建于 1997 年，保护面积 20278 公顷，是中国最大的红树林湿地保护区。湛江红树林保护区并不是一个单独的保护区域，而是由散布在广东省西南

部雷州半岛 1556 千米海岸线上 72 个保护小区组成，这些保护小区由红树林群落、滩涂以及相关的潮间带栖息地组成。保护区于 2002 年加入《拉姆萨公约》，成为国际重要湿地。自 2001 年起，中、荷两国政府通过中、荷合作红树林综合管理和沿海保护项目

内伶仃岛

（以下简称 IMMCP 项目），对该保护区及其海岸带自然资源实施保护和管理。IMMCP 项目协助保护区恢复和保护红树林湿地以及相关沿海自然资源，项目涉及许多内容，重点是红树林的恢复、保护、教育和共管等方面。

10. 山口红树林生态自然保护区

山口国家红树林生态自然保护区是 1990 年 9 月经国务院批准建立的我国首批（5 个）国家级海洋类型保护区之一，1993 年加入"中国生物圈"，1994 年被列为中国重要湿地，1997 年 5 月与美国佛罗里达州鲁克利湾国家河口研究保护区建立姐妹保护区关系，2000 年 1 月加入联合国教科文组织世界生物圈，2002 年被列入国际重要湿地。

11. 北仑河口红树林生态自然保护区

北仑河口自然保护区位于广西壮族自治区防城港市防城区和东兴市境内，总面积 3000 公顷。保护区于 1985 年经原防城县人民政府批准建立，1990 年晋升为自治区级，是一个以红树林生态系统为主要保护对象的自然保护区。本区地处防城港市的西南沿海地带，保护区海岸线全长 87 千米，拥有河口海岸、开阔海岸和海域海岸等地貌类型，属南亚热带海洋性季风气候区。区内分布有面积较大、连片生长的红树林，红

树林植物有 10 科 13 种，形成 12 种红树林群落，其中连片木榄纯林和大面积老鼠簕纯林群落为中国罕见。2000 年 4 月被批准为国家级自然保护区。主要保护对象为红树林生态系统。本区的滩涂和沿海渔业资源丰富，鱼类有 27 种，大型底栖动物有 84 种。由于保护区位于亚洲东部沿海和中西伯利亚中国中部两鸟类迁徙线的交汇区，为候鸟的重要繁殖地和迁徙停歇地，已观察到的鸟类有 128 种，其中有 13 种鸟类被列为国家二级保护动物。另一方面，北仑河位于保护区西端，是我国和越南的界河，历史上因不合理的开发利用使本区的原生红树林损失 66% 左右，导致北仑河主航道偏移和中国国土的流失。因此，保护区的建立不仅在保护生物多样性方面具有重要意义，而且对防止国土流失、保护领土和领海权益也具有非常重要的战略意义。

12. 合浦儒艮自然保护区

合浦儒艮自然保护区东起合浦县山口镇，西至沙田镇海域，全长 43 千米，面积达 300 多平方千米，是中国唯一的儒艮国家级自然保护区。这一海域生长大片海草，海洋环境质量好，有海底深槽供儒艮栖息，是儒艮的理想活动家园。儒艮是世界上最古老的

儒 艮

海洋动物之一，也是海洋中唯一的素食者。儒艮俗称"美人鱼"，因雌儒艮哺乳时像人一样拥抱幼仔，乳部露出水面而得名，是中国国家一级濒危珍稀哺乳类保护动物。

13. 东寨港红树林自然保护区

东寨港红树林自然保护区 1980 年 1 月经广东省人民政府批准建立，为中国第一个红树林保护区。1986 年 7 月 9 日经国务院审定晋升为国家级自然保护区。1992 年被列入《关于特别是作为水禽栖息地的国际重要湿地公约》组织中的国际重要湿地名录。面积 2500 公顷，主要保护对象有沿海红树林生态

东寨港红树林自然保护区

系统，以水禽为代表的珍稀濒危物种及区内生物多样性。本保护区是中国第一个保护和研究红树林及海岸带生态系统的重要基地。

14. 大洲岛海洋生态自然保护区

大洲岛国家级海洋生态自然保护区

大洲岛国家级海洋生态自然保护区，位于海南岛东部沿海，在万宁县境内，面积 70 平方千米。是国务院于 1990 年 9 月批准建立的国家级海洋类型自然保护区。主要保护对象是金丝燕和海岛海洋生态系统。大洲岛是珍贵的燕窝生产鸟类——金丝燕的长年栖息地。燕窝是十分名贵的补品和药品，被历代皇帝列为贡品，素享"东方珍品"和"稀世名药"的盛誉。

15. 三亚珊瑚礁自然保护区

三亚珊瑚礁自然保护区于1989年建立，1990年被批准为国家级海洋自然保护区，总面积8500公顷。三亚珊瑚礁自然保护区属于三亚市沿海区，以鹿回头、大东海海域为主，包括亚龙湾、野猪岛海域，以及三亚湾东西玳瑁岛海域，总面积40平方千米，保护对象为珊瑚礁及其生态系统。保护区属珊瑚礁海岸，位于天然海湾内，海水盐度年变化范围为33.4‰～33.8‰，水温年变化范围为23.6℃～29.3℃。海

三亚珊瑚礁

浪破坏作用小，海水交换充分，浅水区大，污染小，有机质含量丰富，基质坚硬，是珊瑚生长的良好场所。

16. 天津古海岸与湿地

古海岸与湿地国家级自然保护区位于天津市滨海地区，总面积27730公顷，1984年经天津市人民政府批准建立，1992年晋升为国家级，主要保护对象为贝壳堤、牡蛎滩古海岸遗迹和滨海湿地。临渤海湾西岸，地处海河等河流的入海口，地势低洼、贝壳堤、牡蛎滩规模大、出露好、连续性强、序列清晰，在中国沿海最为典型，在西太平洋各边缘濒海平原也属罕见，并且两类截然不同的生物堆积体在如此近的距离内共存也为世界罕见。区内的七里海湿地还栖息和生长着多种珍稀野生动植物。保护区的建立对研究海陆变迁和滨海湿地生态系统均具有重要意义。

17. 黄河三角洲

黄河三角洲国家级自然保护区位于山东省东营市境内，地处渤海之滨

的黄河入海口，是黄河携带的大量泥沙在入海口处沉积所形成，总面积为15.3万公顷。属温带季风气候，植被为原生性滨海湿地演替系列，高等植物有116种，海洋生物有800多种，鸟类有187种，其中属国家重点保护鸟类有丹顶鹤、白头鹤等32种，是东北亚内陆和环太平洋鸟类迁徙的重要停歇地和越冬地，对保护和研究黄河三角洲湿地生态系统具有重要意义。

18. 厦门海洋珍稀生物自然保护区

厦门海洋珍稀生物自然保护区位于福建省厦门市海域，地理位置为东经117°27′～117°52′，北纬24°22′～24°44′，总面积33088公顷。保护区由福建省人民政府1995年批建的厦门白鹭省级自然保护区、1997年批建的厦门中华白海豚省级自然保护区和厦门市人民政府1991年批建的厦门文昌鱼市级保护区合并而成，是一个以中华白海豚、文昌鱼等珍稀海洋生物及黄嘴白鹭等鸟类为主要保护对象的自然保护区。

19. 双台河口水禽自然保护区

双台河口国家级自然保护区位于辽宁省盘锦市境内，总面积12.8万公顷。1987年经辽宁省政府批准建立，1988年晋升为国家级，主要保护对象为丹顶鹤、白鹤等珍稀水禽和海岸河口湾湿地生态系统。地处辽东湾辽河入海口处，是由淡水携带大量营养物质的沉积并与海水互相浸淹混合而形成的适宜多种生物繁衍的河口湾湿地。保护区生物资源极其丰富，仅鸟类就有191种，其中属国家重点保护动物有丹顶鹤、白鹤、白鹳、黑鹳等28种，是多种水禽的繁殖地（为世界濒危鸟类黑嘴鸥的最大繁殖地）、越冬地和众多迁徙鸟类的驿站，既是丹顶鹤最南端的繁殖区，也是丹顶鹤最北端的越冬区，具有重要的保护价值和研究价值。

海洋特别保护区

中国的海洋特别保护区，是指对具有特殊地理条件、生态系统、生物与非生物资源及海洋开发利用特殊需要的区域采取有效的保护措施和科学的开发方式进行特殊管理的区域。海洋特别保护区分为国家级和地方级，其中具有重大区域海洋生态保护和重要资源开发价值、涉及维护国家海洋权益及其他需要申报国家级的海洋特别保护区，被列为国家级海洋特别保护区，报国家海洋局批准。迄今全国共有 15 处国家级海洋特别保护区。

1. 南通蛎岈山牡蛎礁海洋特别保护区

蛎岈山地处南黄海沿岸，位于海门东灶港东南约 4 千米，面积 3.5 平方千米，因盛产牡蛎而闻名。蛎岈山东西长 1.43 海里，南北宽 0.9 海里，处在南黄海潮间带，由牡蛎活体和各种海洋生物构成。其神秘之处在于入水为礁出水为山，被当地人称为 "沉浮山"。经中科院南京地理所、南京师范大学及浙江大学等有关专家实地考察论证，一致认为蛎岈山是中国唯一、世界罕见的海洋奇观，具有极高的科考和旅游开发价值，距今已有 1690 年历史。

2. 连云港海州湾海湾生态与自然遗迹海洋特别保护区

连云港海州湾地处南北气候过渡带，是国际鸟类迁徙通道的重要接点，是我国海洋生物南北分布的界限。国家批准建立的海州湾海湾生态与自然遗迹国家级海洋特别保护区，规划总面积 490.37 平方千米，具有繁多的海洋生物资源、独特的海蚀地貌以及特殊的基岩岛礁与海洋自然遗迹资源等，海洋资源开发和生态环境保护价值显著。

3. 乐清西门岛海洋特别保护区

西门岛海洋特别保护区范围约 30000 亩，总体上分成环岛滨海生态保护景观区和南涂生态保护开发区两大功能区。环岛滨海生态保护景观区分为红树林生态保育核心区、滨海红树林绿化带、红树林种植科普区、湿地水鸟观赏区、海上牧场观光旅游区和水上运动娱乐区 6 个亚区。西门岛南涂生态保护开发区分为湿地珍稀鸟类保护区、滩涂生态渔业开发区 2 个亚区。

4. 嵊泗马鞍列岛海洋特别保护区

马鞍列岛为舟山群岛最北端的岛群，处于舟山渔场中心位置，总面积

549 平方千米，其中岛礁面积 19 平方千米。这里海域辽阔，海洋资源种类繁多，构成了以丰富的海洋生物资源、独特的岛礁自然地貌和潮间带湿地为主体的岛群海洋生态系统，具有极大的开发研究和保护价值。

根据保护区建区总体规划，项目总投资 4.2 亿元，分近、中、远 3 期进行，时间为 2005～2020 年。保护对象为海洋生态系统、珍稀濒危生物（中华白鳍豚、中华鲟等国家一级保护动物；水獭、穿山甲等国家二级保护动物；长须鲸、宽吻海豚、江豚、斑海豹、儒艮、海獭等）、水产资源（石斑鱼、厚壳贻贝、羊栖菜等）、旅游景观（花鸟灯塔、东海第一桥、山海奇观摩崖石刻、礁岩与石景保护点及沙滩等）。

5. 普陀中街山列岛海洋生态特别保护区

中街山列岛海洋特别保护区位于普陀区东北部中街山列岛及附近海域，总面积为 202.9 平方千米，岛陆面积 10.48 平方千米。保护对象是大黄鱼、曼氏无针乌贼等鱼类产卵场，鸟类资源及其生态环境，岛礁资源和贝藻类资源，维护海洋生态环境和生态系统。

6. 渔山列岛国家级海洋生态特别保护区

渔山列岛位于象山半岛东南、猫头洋东北，距石浦铜瓦门山 47.5 千米，由 13 个岛 41 个礁组成，岛礁总面积约 2 平方千米。独特的自然环境以及丰富的岛礁资源使得渔山列岛及其周围海域成为多种海洋生物资源的集聚地，共有浮游植物 135 种、浮游动物 65 种、底栖生物 119 种，潮间带野生贝藻资源丰富。

7. 昌邑海洋生态特别保护区

山东昌邑海洋生态特别保护区位于昌邑市北部堤河以东、海岸线以下的滩涂上，总面积 2929.28 公顷，于 2007 年 10 月底获得国家海洋局批准建立，主要保护以柽柳为主的多种滨海湿地生态系统和各种海洋生物。保护区内生物种类繁多，有天然柽柳林面积达 2070 公顷，植被茂盛，其规模和密度在全国滨海盐碱地区罕见，具有极高的科学考察和旅游开发价值。

柽柳是可以生长在荒漠、河滩或盐碱地等恶劣环境中的顽强植物，是最能适应干旱沙漠和滨海盐土生存、防风固沙、改造盐碱地、绿化环境的优良树种之一。每到春天，保护区内柽柳郁郁葱葱，草坪如茵，繁花似锦，十分美丽。每年 5 月柽柳开始抽生新的花序，直到 9 月的几个月内，区内一片花海，老花谢了，新花又开，三起三落，绵延不绝，与其他海岸风光比较自有一种截然不同的别致风情。

该保护区内还有芦苇、盐地碱蓬、荻和其他多种草类；有野兔、獾、狐狸、黄鼬、狸猫等野生动物。

8. 东营黄河口生态国家级海洋特别保护区

该保护区位于垦利县境内，规划面积 926 平方千米，分为生态保护区、资源恢复区、环境整治区和预留开发区 4 部分，重点监控黄河口水域生态环境和河口海区海洋生物资源。

保护区将分 3 期建设。一期工程计划投资 300 万元，主要用于保护区基础设施建设与配套，对黄河口负 3 米等深线以外海域进行生态环境的整治和修复，建设 926 平方千米黄河口生态海洋特别保护区；二期工程计划用 5 年时间（2011～2015 年），进一步改善保护区的管护条件，完善各项管护和开发措施，基本实现保护区的良性运行；三期工程为 2015 年以后的长期规划，通过优化管理和开发措施，提高保护区的利用价值，建成环境优良、资源丰富的保护区，为当地海洋经济的可持续发展服务。

9. 东营利津底栖鱼类生态国家级海洋特别保护区

利津国家级底栖鱼类生态海洋特别保护区位于东营市垦利县北部海区，总面积 94 平方千米，以半滑舌鳎及近岸海洋生态系统为主要保护对象。该区域距离黄河入海口 80 千米，有多条河流的径流入海，是半滑舌鳎等底栖鱼类的良好繁殖场所。

10. 东营河口浅海贝类生态国家级海洋特别保护区

东营河口浅海贝类国家级生态海洋特别保护区位于山东东营市河口区

的滩涂及浅海海域，总面积3962平方千米，以黄河口文蛤、浅海贝类及其物种多样性为主要保护对象。

黄河口文蛤是我国的重要经济贝类，具有很高的经济和食疗药用价值，成品主要出口日本、韩国。但近年来随着海洋开发的加快及近海捕捞强度的增大，黄河口文蛤资源日渐减少，捕捞产量递减。该保护区通过一系列保护和管理措施，对文蛤实行繁殖季节保护，严格限制采捕规格，消除和减少该区域点面源污染和干扰，加强环境质量监测，严格查处违法违规排污、倾倒废弃物等行为，使贝类的栖息环境得到恢复和改善，产量得到增加，水质和底质质量均达到国家一类标准。

11. 东营莱州湾蛏类生态国家级海洋特别保护区

特别保护区位于东营区莱州湾西岸广利河以北、青坨沟以南海域，为多种贝类的栖息和繁衍地，其中蛏类资源尤为丰富。随着渔业海岸工程、油田开发、海洋工程建设以及近海捕捞强度增大，蛏类等资源赖以生存的生态环境严重受损，生态失衡，致使该地区传统的小刀蛏、大竹蛏和缢蛏等蛏类资源生物量衰减，分布海区日趋缩小，而且个体呈小型化。特别保护区建设后，区内蛏类等生物资源和生态环境得到了有效保护，减少了人类活动的干扰。特别保护区总面积21024公顷，包括生态保护区、资源恢复区和适度开发利用区，主要保护对象为蛏类及其栖息地生态环境。

12. 东营广饶沙蚕类生态国家级海洋特别保护区

该海洋特别保护区总面积为77.27平方千米，依其性质和作用，可划分为生态保护区、资源恢复区、环境整治区和开发利用区4个功能区。保护区先期投资100万元，用于保护区基础设施建设和配套，逐步完善其功能。同时加强对保护区的管理，建立健全管理制度，采取生产季节巡护、沙蚕资源与环境监测、种质混杂和生物入侵的预防以及查处各种违反保护区管理的活动等系列管理措施，使沙蚕等底栖生物等得到有效保护，资源量有所恢复和增加，其栖息环境得到恢复和改善。海洋特别保护区的开发利用价值达到了一个较高的可持续开发水平，获得较高的经济效益。实现了海洋保护与开发相协调，有效保护海洋环境，科学开发海洋资源，维护海洋权益的目标。

13. 文登海洋生态国家级海洋特别保护区

文登海洋生态国家级海洋特别保护区位于文登青龙河口、靖海湾区域，总面积518.77公顷。保护区内水浅、滩宽、滩涂平坦，属于典型的河口海湾生态系统，集中分布有数量较大的松江鲈鱼等丰富的海洋生物资源。

14. 龙口黄水河口海洋生态国家级海洋特别保护区

黄水河是流经龙口市境内最大的河流，总流域面积1034.57平方千米，黄水河流域是龙口市重要的商品粮基地，是工农业和城镇居民用水的主要水源地。黄水河入海口处，浅滩及附近海岸拥有近 4×10^8 立方米的优质石英砂资源，是缢蛏、玉螺、文蛤、沙肠、海肠、毛蚶等重要底栖生物的栖息地，具有重要的海洋资源和海洋生态环境价值。建立龙口黄水河口海洋生态海洋特别保护区，对于保护龙口黄水河浅滩底栖生物资源和砂矿资源，促进海洋生态和区域环境可持续发展具有重要意义。

15. 威海刘公岛海洋生态国家级海洋特别保护区

刘公岛及其周边海域属于典型的海岛生态系统，岛上旅游资源丰富，不仅自然风光优美，素有"海上仙山"和"世外桃源"的美誉，还是中日甲午战争的纪念地、著名的爱国主义教育基地，融爱国主义教育基地和海岛风光历史文化遗迹于一身。刘公岛森林覆盖率达87%，1992年被国家林业部公布为"国家森林公园"，远望松涛翠柏，近观鹿群结队，是避暑、度假、疗养的理想之地。刘公岛周边海域则盛产海参、三疣梭子蟹、鲳鱼、比目鱼、海带等，是一方不可多得的海洋"沃土"。国家海洋局根据《中华人民共和国海洋环境保护法》和《海洋特别保护区管理暂行办法》的有关规定，同意建立威海刘公岛海洋生态国家级海洋特别保护区。在这一海域建立保护区，对加强海洋生态环境保护，积极探索海洋资源的可持续开发利用，有着积极的作用。

走可持续发展之路

开发与保护并举

随着沿海地区经济的快速发展和海洋资源开发力度的加大，对海洋环境保护的压力将会越来越大。因此，在大力开发利用海洋资源的同时，必须重视对海洋环境的保护，促进海洋资源开发利用的持续发展。在开发保护海洋资源方面，主管部门要通过海洋资源的价值核算和评价，对海洋资源实行有偿使用，利用价格体系调节海洋资源的供求关系，尽可能保证海洋资源的持续利用。在保护海洋环境方面，要集中控制陆地上污染物的排放，强化盐田、海水养殖池废水、石油开采、拆船和海洋运输过程中废物排放的管理，维护海洋的生态平衡和资源的长期利用。逐步实施重点海域污染物排海总量控制制度。改善近岸海域环境质量，重点治理和保护河口、海湾和城市附近海域，继续保持未污染海域的环境质量。加强入海江河的水环境治理，减少入海污染物。加快沿海大中城市、江河沿岸城市生活污水、垃圾处理和工业废水处理设施建设，提高污水处理率、垃圾处理率和脱磷、脱氮效率。限期整治和关闭污染严重的入海排污口、废物倾倒区，妥善处理生活垃圾和工业废渣，严格限制重金属、有毒物质和难降解污染物排放。临海企业要逐步推行全过程清洁生产。加强海上污染源管理，提高船舶和港口防污设备的配备率，做到达标排放。海上石油生产及运输设施要配备防油污设备和器材，减少突发性污染事故。实施谁污染谁治理的环境问责制度，优化海洋环境保护的法治化进程。

海洋资源的开发利用相对陆地资源而言，难度和风险更大、综合性更强、对科学技术的依赖性也会更大。海洋资源从调查、观测、勘探、开发利用到管理的各阶段，都是科学和技术运行过程的结果，要不断采用先进的科学技术，实施科技创新，提高海洋资源开发和科学管理的总体技术水平、规模和效益。

优化结构　科技创新

实施海洋开发战略，必须合理利用海洋资源。我国的八大海洋产业中，海洋捕捞业、海洋交通运输业和海盐及海洋化工业等传统产业发展早，聚集的劳动人口多，有些产业生产技术落后，低水平盲目发展造成资源破坏严重，自身的生存环境日趋恶劣。调整产业结构，改造传统海洋产业，大力发展海洋油气业、海洋医药、海洋旅游业等新兴产业，已成为海洋开发的重要政策命题。同时，应注重优化海洋资源配置，积极培育可以深化海洋资源综合利用的高技术产业，促进深海采矿、海水综合利用、海洋能发电等潜在海洋产业的形成和发展。

众所周知，海洋产业结构不同，对海洋资源的依赖程度和对环境的影响程度也会不同。一般来说，从海洋第一产业到第三产业，对海洋资源依赖程度和对环境的影响程度是在逐渐减弱的。我国的海洋产业结构一直在以第一产业为主，因此应根据我国海洋资源与环境的特点，调整海洋产业结构，逐步降低第一产业在海洋经济中的比重，提高第二、三产业的比重，重点发展油气开采、海滨旅游、水产养殖、远洋交通运输；积极发展观测服务、海洋药物、海水资源利用；努力开展海底采矿、海洋能利用，提高第二产业在海洋产业中的比重。海洋产业的效益应从经济、社会、环境三个方面综合考虑。因此，要重视海洋资源的综合利用，以高新技术改造海洋传统产业，推动海洋产业经济结构的调整与产业升级，促进新兴产业发展。

管理海洋资源

当务之急，应加大执法力度，理顺海洋管理体制。近 20 年来，国家先后公布实施了《中华人民共和国海洋环境保护法》等法律、法规二十几项，为加强海洋资源开发与综合管理打下了基础。但也应该看到，随着海洋经济的发展，有些法律、法规在执行上显得滞后。应根据海洋经济的发展，切实执行《中国专属经济区和大陆架法》、《海洋岛屿开发管理法》、《海洋资源开发管理法》等海洋法律。同时，还要加快与国际法接轨，扩大海洋立法方面的国际合作与交流，尽快完善我国海洋资源开发与管理的法律体系。此外，应加强海上执法队伍建设。面对我国 300 万平方千米的海域面积，国家应加大投资，组建一支适合中国国情的、现代化的、综合一体化的执法队伍，增强执法合力，提高执法效率，优化海洋资源开发与管理的法治化机制，真正做到依法治海。

保护海洋环境和资源

中国政府十分重视海洋资源与环境的保护工作，在大力推进海洋经济发展的同时，积极探索一条"在开发中保护，在保护中开发"的发展模式，为解决海洋资源与环境问题进行了不懈的努力，做了大量卓有成效的工作。

20 世纪 80 年代末，国家海洋局组织沿海各省和国务院有关部门开展了全国海洋功能区划工作，根据海岸带资源与环境等自然属性和社会属性，对海域进行了功能分区，为海洋综合管理的实施提供了科学依据。

1991 年，国家组织了《全国海洋开发规划》的编制，1995 年得到国务院批准，并颁布实施。开发规划为在宏观上指导全国海洋开发活动，促进海洋资源和环境的可持续发展，实现国民经济和社会发展战略目标提供了科学的决策依据。

为了规范海上生产秩序，促进海洋资源的合理开发利用，国家海洋局和财政部 1993 年按照国务院的指示，制定了《海域使用管理暂行办法》，开始推进海域使用许可制度和有偿使用制度。通过沿海各地的积极探索，现已取得许多宝贵的经验，目前海域使用已进入国家立法程序，海域使用将步入依法管理的轨道。

为借鉴沿海发达国家管理经验，国家海洋局积极开展了与有关国际组织的合作，努力推进海洋综合管理在中国的实践与应用。1993 年在联合国开发计划署等国际组织的支持下，在福建、广东、广西和海南建立了不同模式的海岸带综合管理示范区，取得了良好的效果，为在全国范围内建立海洋综合管理制度积累了经验。

为了全面掌握中国海域海洋资源、环境状况，国家海洋局会同有关部

171

门和沿海各省开展了全国海岸带和海涂资源综合调查和多次海洋环境污染基线调查。同时，建立起以国家海洋环境监测中心、海区环境监测中心和海洋环境监测站为主体的国家海洋环境监测系统及其业务技术支持体系；组织并领导了由沿海省、自治区、直辖市、国务院有关部门监测机构组成的全国海洋环境监测网，为海洋环境监督管理和沿海经济建设做出了应有的贡献。

中国的海洋环境保护工作贯彻预防为主、防治结合的方针。环保部门、海洋部门、海事部门、渔业部门按照法律分工，加强了对陆源污染、海洋倾废、海洋石油勘探开发、船舶排污的控制与管理，为防治海洋环境污染，遏制环境恶化势头，作了大量的工作。国家建立并实施了海洋工程建设项目环境影响评价制度，有效防止了工程建设对海洋环境的污染和损害。

为加强海洋倾废管理，国家不断完善倾废管理制度，积极履行《1972年伦敦倾废公约》。到目前为止，国家已建立了 38 个海洋倾倒区，对海洋倾废活动进行了规范，有效地控制了海上倾废活动对海洋环境造成的污染。

国家重视海洋渔业资源和渔业水域环境的保护，专门制定了《渔业水质标准》，建立了休渔区、休渔期和限量捕捞制度，重点对产卵场、索饵场、越冬场、洄游通道和养殖场进行了保护。

国务院各有关部门和沿海地方人民政府加强了对海洋生态环境的保护，国家海洋局颁布了《海洋自然保护区管理办法》。目前已建立各种类型海洋自然保护区 59 个、海洋特别保护区 2 个，为保护典型海洋生态系统和生物多样性做出了贡献。

为实施依法治国的伟大方略，扭转海洋环境恶化趋势，国家修定了《海洋环境保护法》。新法的颁布实施标志着中国海洋环境保护工作进入了一个新的阶段。目前，中国已建立起较完备的海洋环境保护法规体系和较完整的技术标准体系，为依法管海、护海提供了法律保障。

针对渤海资源与环境问题日趋严重的状况，国家海洋局从 1996 年开始，开展了对渤海综合整治的研究，现正在国家计委的指导下，会同有关部门编制"渤海综合整治规划",力争用 20 年左右的时间使渤海的资源与环境功能得到恢复。

海洋资源可持续利用

所谓海洋资源的可持续利用,是指在海洋经济快速发展的同时,做到科学合理地开发利用海洋资源,不断提高海洋资源的开发利用水平及能力,力求形成一个科学合理的海洋资源开发体系;通过加强海洋环境保护、改善海洋生态环境,来维护海洋资源生态系统的良性循环,实现海洋资源与海洋经济、海洋环境的协调发展,确保海洋资源生态环境的永续发展。

海洋资源的可持续利用包含 3 个特征:①持续性。体现在海洋生态过程的可持续与海洋资源的可持续利用两个方面。海洋生态过程的可持续建立在海洋生态系统完整性的基础之上,要求海洋生态系统构造完整和功能齐全。只有维持生态构造的完整性,才能保证海洋生态系统动态过程的正常进行,使海洋生态系统保持平衡。海洋生态过程的可持续是海洋资源可持续利用的基础。人类对海洋资源的强大需求与有限供给之间的矛盾、海洋资源的多用途引发的不同行业之间的竞争以及人类利用海洋资源的理念、方式和方法,都直接关系到海洋资源的可持续利用。这就要求一方面要正确解决资源质量、可利用量及其潜在影响之间的关系,另一方面在利用资源的同时更要注意保护资源种群多样性、资源遗传基因多样性,并要在不影响海洋生态系统完整性的前提下整合资源方式,减少资源利用中的冲突和矛盾,提高资源的产出率。②协调性。首先是海洋资源的利用应与海洋自然生态系统的健康发展保持协调与和谐,表现为经济发展与环境保护的协调、长远利益与短期利益的协调、陆地系统与海洋系统以及各种利益之间的协调,以维护海洋生态系统的健康及海洋资源的可持续利用。③公平性。即当代人之间与后代人之间对海洋环境资源选择机会的公平性。当代人之间的公平性要求任何一种海洋开发活动不应带来或造成环境资源破坏,即在同一区域内一些人的生产、流通、消费等活动在资源环境方面,对没有参与这些活动的人所产生的有害影响;在不同区域之间,则是一个区域的生产、消费以及与其他区域的交往等活动在环境资源方面，对其他区域的环境资源产生削弱或危害。世代的公平性要求当代人对海洋资源的开发利用，不应对后代人对海洋资源和环境的利用造成不良影响。

海洋资源的可持续利用应达到以下目标：①在保证海洋资源可持续利用的基础上，强化开发深度和广度，提高开发的科技含量，不断提高海洋开发和海洋服务领域的技术水平，加快先进适用技术的推广应用，提高海洋经济增加值；综合开发利用海洋资源，提高资源的利用效率；不断发现新资源，利用新技术，形成和发展海洋新产业，推动海洋经济持续、快速、健康发展。②对海洋可再生资源而言，要改善对资源的利用效率，既要尽可能多地对其进行利用，又要保持生态系统有较强的恢复能力和维持其可持续再生产能力；对海洋不可再生资源要有计划地适度开发，不要影响后代人的利益。③优化配置海洋资源，使其功能得到充分发挥。④海陆一体化开发，统筹制定沿海陆地区域和海洋区域的国土开发规划，逐步形成临海经济带和海洋经济区，推动沿海地区的进一步繁荣发展。⑤开发与保护协调。制定海洋开发和海洋生态环境保护协调发展规划，按照预防为主、防治结合、谁污染、谁治理的原则，加强海洋环境监测和执法管理；重点加强陆源污染物管理，实行污染物总量控制制度，防止破坏海洋环境。⑥完善海洋综合管理体系，制定统一协调的海洋开发政策，建立健全有利于海洋资源可持续利用的法律法规，逐步完善各种海洋开发活动的协调管理。

我国海洋生态系统多种多样，既有典型的红树林生态系统、珊瑚礁生态系统、河口生态系统，也有数量庞大的港湾，成为中国近海生物繁衍、生长的摇篮，也是地球生态系统中生物多样性和生产力较高的生态系统。我国管辖海域的资源和环境是沿海地区经济社会发展的重要基础，对海洋经济以及整个沿海地区的经济发展起着越来越重要的支撑作用。然而，由于中国人均海洋资源占有量相对较少，经济发展对资源的需求又日益增多，使海洋资源的可持续利用面临着严峻的挑战。需要通过行政、法律、经济、科技和教育等手段，对海洋开发活动进行组织、指导、协调、控制和监督，以保证合理利用海区的各种资源，促进各行业协调有序发展，提高整个海区的经济效益、社会效益和生态环境效益。

《中国21世纪议程》指出，要重点强化海洋生物资源管理，最终实现海洋渔业资源的可持续利用和保护；建立大海洋生态系监测与保护体系和环境预报服务体系；建立布局合理的自然保护区网，并加入国际海洋自然保护区网络，在维护海洋生物多样性的同时提高沿海居民生活水准，开展大洋、极地海洋生物资源调查研究，开发利用和保护公海生物资源。为防止海洋生态系的退化，维持资源的可持续利用，必须加强生物物种和生态环境的保护，有计划地建立相当规模和数量的海洋自然保护区、保留区，形成区域性、国际性海洋自然保护区网，采取适当措施保护海洋生物多样性；改善及完善各种有效的开发利用技术措施，合理利用经济鱼类；完善海洋生物资源保护法规体系，加强资源开发利用管理；加强国际合作和区域合作，维护海洋生态系的良好状态，形成养护、研究和管理的国际合作机制。

　　海洋和海洋资源具有一定的公有性，因此许多海域和海洋资源各国都可以利用。世界海洋总面积的35.8%以领海大陆架的200海里专属经济水域的形式划归沿海国家管辖，其他64.2%（约合2.3亿平方千米）的区域仍为世界公有。在划归沿海国家管辖的水域内，船舶航行仍是自由的，因此也具有公有性质。即使是各国的领海，其他国家的船舶也有无害通过的自由。公海和国际海底的资源是世界共有的，各国都有权开发利用。各国通过交纳一定的养护费可以获得别国管辖海域渔业资源的捕捞权，内陆国可以在沿海国管辖海域内获得一定数量的剩余捕捞量，这些规定与陆地资源利用存在很大差别。因此，海洋资源的可持续开发利用，必须树立全球意识，加强国际合作。我国政府一贯主张沿海经济发展与海洋环境保护相协调；保护海洋环境是全人类的共同任务，但经济发达国家负有更大的责任；加强国际合作要以尊重国家主权为基础；处理海洋环境问题应当兼顾各国现实的实际利益和世界的长远利益。中国在采取一系列措施保护沿海和海洋环境的同时，积极参与海洋环境保护的国际合作，为保护全球海洋环境这一人类共同事业进行了不懈的努力。中国支持并积极参与联合国系统开展的环境事务，是历届联合国环境署的理事国，与联合国环境署进行了卓有成效的合作。中国已缔结和参加了多项国际环境条约，涉及海洋环境保护的国际条约和协议主要有《1982 年联合国海洋法公约》、《1969 年国际油污损害民事责任公约》、《1972 年防止倾倒废弃物和其他物质污染海洋公约》、《73/78 国际防止船舶造成污染公约》、《1990 年国际油污防备、反应和合作公约》、《1992 年生物多样性公约》和《1971 关于特别是作为水禽栖息地的国际重要湿地公约》等。

设立海洋宣传日

海洋是人类共同的财产。1993 年 2 月，在联合国教科文组织政府间海洋学委员会第 17 届大会上，葡萄牙政府代表团提出建立"国际海洋年"的建议。根据该建议，大会通过了一项关于号召各国共同举办"国际海洋年"的决议，并向联合国大会提请建议。联合国认识到海洋、海洋环境、海洋资源和海洋持续发展的重要性，1994 年 12 月，在联合国第 49 届大会上通过了这项由 102 个成员国发起的决议，宣布 1998 年为"国际海洋年"。

在这项决议中，联合国要求世界各国做出特别努力，通过各种形式的庆祝和宣传活动向政府和公众宣传海洋，提高人们的海洋意识，强调海洋在造就和维持地球生命中所起的重要作用，强调保护海洋资源与环境的重要性，保持海洋的持续发展和海洋可再生资源的可持续利用，加强海洋国际合作。

1997 年 7 月，联合国教科文组织通过了将"海洋——人类的共同遗产"作为"国际海洋年"的主题的建议，并将 7 月 18 日定为"世界海洋日"。"98 国际海洋年"以及"世界海洋日"成为世界各国加快进军海洋步伐的一次全方位行动。

世界上已有不少国家已经设立与海洋有关的节日。日本自 1941 年起，便规定 7 月 20 日为"海洋纪念日"。1994 年《联合国海洋法公约》生效后，日本国会立法将每年的 7 月 20 日确定为海洋日。另外，日本还将每年的 7 月 27 日定为蓝海节。届时，日本沿海都市都将举办蓝海节，专家学者共同研讨开发和利用海洋资源，表彰做出突出贡献的海洋工作者。英国则将 8 月 24 日定为英国海洋节，并邀请各国参加。每年的 5 月 22 日是美国的海运节，以示纪念蒸汽轮"萨凡纳"首次横渡大西洋这一壮举，并且一直沿袭到现今。另外还将每年 10 月的第二个星期一定于"哥伦布日"，以纪念哥伦布在美洲新世界登陆。除此之外，安哥拉的渔民岛节、菲律宾的捕鱼节、巴西的海神节、希腊的航海周等世界各国举办的海洋节日活动，都为我国提供了很好的经验，具有一定的借鉴意义。

在我国有的沿海地方，每年也都将举行隆重的海洋节日。每年 7 月，中国青岛都将举行青岛海洋节；浙江省象山县每年也都将举办开渔节；中国海洋文化节也已在浙江岱山县成功举办了 5 届。如今，为进一步增强国民海洋意识，为我国建设海洋强国打下坚实基础，促进我国海洋事业又好又快发展，设立一个全国性的海洋节日，实现全民参与、全民关注，成为海洋工作迫在眉睫的任务。

早在 1998 年国际海洋年期间，我国政府就积极参加国际社会为迎接 1998 国际海洋年而举办的各类活动，发布《中国海洋政策白皮书》，并开展了系列宣传工程。国家海洋局与多部门联合主办了"98 国际海洋年"大型宣传活动，取得了明显的效果。2008 年正值"98 国际海洋年"十周年，为落实中央领导指示和《纲要》精神，国家海洋局决定：

从 2008 年开始启动"全国海洋宣传日"活动，并将时间定于每年的 7 月 18 日，目的在于通过连续性、大规模、多角度的宣传，以全民参与的社会活动为载体，以媒体宣传报道为介质，构建海洋意识宣传平台，主动传播海洋知识，深入挖掘海洋文化，引导舆论关注海洋间题热点，促进全社会认识海洋、关注海洋、善待海洋和可持续开发利用海洋，显著提高全民族海洋意识。

"全国海洋宣传日"口号：

（1）扬帆绿色奥运，拥抱蓝色海洋

（2）海洋宣传日：一天的提醒，一生的行动

（3）拥抱蓝色海洋，珍爱生命摇篮

（4）生命从海洋开始，善待海洋从你我开始

（5）民无海洋不富，国无海洋不强

（6）坚持科学发展，构建和谐海洋

（7）拥抱海洋，感恩海洋，善待海洋

（8）手拉手保护海洋环境，心连心传承海洋文明

（9）实施海洋强国战略，共图民族复兴大业

（10）海洋，中国腾飞的加速器

促进人海关系和谐

海洋作为我国重要的战略资源，是 21 世纪我国实现经济可持续发展的重要组成部分，循环经济是以可持续发展为原则的管理公共资源的重要经济模式之一。我国未来经济发展，将以循环经济理念和基本原则作为发展指导，以发展海洋循环经济、构建和谐人海关系为支撑体系。

发展海洋循环经济

我国是一个海洋大国，地处太平洋西岸，海岸线长达 18000 多千米，海洋面积接近陆地领土面积的 1/3，海洋生物 2 万多种，海洋石油资源量约 240 亿吨，天然气资源量 14 万亿立方米，滨海砂矿资源储量 31 亿吨。应当指出，海洋所蕴藏的巨大潜在资源和能力将为 21 世纪中国的和平崛起、建设小康社会、实现社会主义现代化提供不可或缺的物质条件。21 世纪，海洋将成为解决我国资源、人口、环境问题的主要出路。

发展海洋循环经济，走可持续发展道路是构建和谐人海关系的前提和基础。海洋循环经济是在可持续意义下强调发展，不超越生态环境系统的更新能力，实现海洋生态的良性循环。其实质是一种资源节约型、环境友好型经济发展模式，把发展经济看作是一个社会—经济—自然复合生态系统的进化过程。其过程是一个"资源—产品—废弃物—再生资源"的反馈式循环，通过延长产业链，在系统内进行"废弃物"全面回收、再生资源化、循环利用。循环经济的目标不是高能耗、高产出、污染严重的物质文明，而是高效率、高科技、低消耗、低污染、整体协调、循环再生、健康持续的生态文明。因此，海洋生态的可持续性、高效性、和谐性和自我调节是海洋经济发展所依赖的环境系统，是新时代人海关系和谐的前提因素。

发展海洋经济就是要实现一条从对立型、征服型、污染型、掠夺型、破坏型向和睦型、协调型、恢复型、建设型、闭合型演变的人海和谐生态轨迹，实现从只追求经济利益的一维繁荣走向社会、经济、生态、健康、物质文明、精神文明和生态文明的多维立体繁荣。

人海关系即人类与海洋之间的关系，是人地关系的一种类型，其主要反映在人类对海洋的依赖性和人类的能动性两方面。纵观漫长的历史过程，人类很早就开始了"兴渔盐之利，通舟楫之便"的依海式生活，海洋也为人类带来了更多的财富和恩泽。然而，20世纪开发海洋的热潮，使得我国近海区域的一些海洋资源开发过度，环境遭到破坏，物种锐减，海洋污染逐年加重，这在很大程度上制约了海洋经济的健康发展，也影响了沿海地区经济的发展，影响海域的综合开发效益，难以持续利用。所以，在新时代提出了在可持续发展观念下的新型人海关系的概念，其实是一种互利互惠、共生共长的关系，人要尊重海洋，尊重自然，这样才能与自然和谐相处，人类才能永续发展。一方面，人类要向海洋索取更多的资源，供人类发展利用；另一方面，人类要积极地良化海洋环境，让海洋的生产力不断提高，以满足人类日益增长的需要。因此，构建和谐人海关系既是发展海洋循环经济、走可持续发展道路的前提与必要条件，同时也是其最终目标，二者互相作用，不可分割。

构建和谐人海关系

必须看到，当前世界经济中心正向太平洋转移，而太平洋西岸更是世界经济中增长速度最快的区域。为了迎接海洋世纪的到来，必须全面贯彻落实科学发展观，实现我国经济社会的全面协调可持续发展。因此，必须顺应历史潮流，体现人民群众根本利益，走可持续发展的国民经济体系建设道路，以人为本，以海为源，发展海洋循环经济，促进人海关系和谐。

人海关系和谐，发展海洋循环经济，应该：①着眼于开发利用新的海洋技术，加大勘测力度，发现更多资源，弥补陆地能源不足，缓解需求增长的压力造成的环境、生态破坏。除此之外，还要反对海洋资源的掠夺式

179

开发，保护海洋生态环境和海洋生物种类的多样性，走出一条以海洋生态系统的可持续性为基础、海洋经济的可持续性为中心、社会发展的可持续性为目的的发展道路。②明确未来海洋发展战略，坚持生态目标与经济目标的统一，统筹规划与突出重点的统一，重视海洋生态系统与经济系统良性循环、海洋资源与环境资源协调发展，走出"先污染、后治理"的恶性怪圈，实现科学开发与永续利用的有机结合。

从宏观层次看，必须明确发展海洋经济的最终目的是促进人的全面发展和社会的全面进步，使海洋经济真正成为促进人类物质和精神生活质量以及环境质量提高的物质手段，由以海论海的狭窄圈子向海陆一体化发展的思路转变，由粗放型无序开发利用海洋资源向集约化综合开发利用海洋资源转变，由传统海洋产业向新兴海洋产业转变，由无偿使用海域、掠夺性开发海洋资源向海域有偿使用、可持续发展的海洋利用开发转变，以人为本，把海洋开发作为全局性的战略任务进行综合部署，促进海洋生产力方式的优化和生产关系的调整，实现海洋经济的可持续发展。可以肯定，中国要提出以海洋资源为开发对象，以制度体制创新为重点的海洋开发战略是至关重要的。

走可持续发展的海洋之路，要求我们依托循环经济的发展模式和基本原则，形成和谐的人海关系。主要表现在：①以可持续发展理念为基础，实现资源的高效利用和循环利用。变废为宝，将经济社会活动对自然资源的需求和生态环境的影响降低到最小程度，从根本上解决经济发展与资源紧缺和环境保护之间的矛盾。②以人的健康安全为前提，坚持以人为本的原则。以社会效益、经济效益和生态效益全面协调发展为目标，从根本上解决自然、社会、经济和生态系统之间的矛盾。③遵循"减量化、资源化、再循环"的重要原则。最大可能地延长产品—废弃物的转化，有效延长产品的服务周期和强度，提高资源的利用效率和环境同化能力，实现资源节约最大化和污染排放最小化。④正确处理海洋开发与陆地开发的关系。加强海陆之间的联系和相互支援，发展既要以陆地为后方，又要积极地为陆地服务，相互依托，相互促进，海陆并举，加快人海关系和谐步伐。

完善制度体系

推进海洋经济可持续发展必须采取新举措，加快建设海洋强国的时代步伐，构置发展海洋循环经济的支撑体系，努力实现人海关系和谐发展的局面，尤其是在海洋经济开发的进程中着手建立以保护为前提、以法律为保障、以市场为导向、以科技为动力的支撑体系。

（1）建立以保护为前提的支撑体系。吸取世界工业化和城市化"先污染，后治理"的沉重教训，在海洋经济开发中必须建立以保护为前提的支撑体系，下功夫综合治理重点海域的环境，努力恢复近海海洋生态功能，保护红树林、海滨湿地和珊瑚礁等海洋、海岸带生态系统，加强海岛保护和海洋自然保护区管理；积极完善海洋功能区划，规范海域使用秩序，严格限制和制止开采海砂、围海造地的急功近利行为；有计划、有重点地勘探和开发专属经济区、大陆架和国际海底资源。落实科学发展观，合理地开发、利用和保护海洋资源，实现海洋的可持续发展。

（2）建立以法律为保障的支撑体系。对于发展海洋循环经济来说，建立法律支撑体系十分重要，有利于为全国海洋经济大发展创造公正、公平、公开的社会环境。在借鉴发达国家经验教训的基础上，加快循环经济立法进程，形成配套的法律体系，建立监督有效、执法有力的海洋管理队伍，明确消费者、企业、各级政府在发展循环经济方面的责任和义务，明确把生态环境作为资源纳入政府的公共管理范畴之内。以此推动海洋综合管理体系的形成和海洋法规的不断完善，逐步使海洋开发得到合理、有序、协调和可持续发展。

（3）建立以市场为导向的支撑体系。在经济全球化的大背景下，推进海洋经济开发必须建立起以内需为基点、以市场为导向、以效益为主线的产业结构，建立起符合社会主义市场经济体制要求的各种操作机制和交易规则，站在时代的高度重视海洋事业，按照全面、协调和可持续的标准统筹经济、资源、环境三者的协调发展，把政府宏观调控与市场利益调节结合起来，遵循"两个市场、两种资源"的开发开放价值取向，坚持

"开发与保护并举，速度与效益统一"的基本原则，实现人海关系的和谐发展。

（4）建立以科技为动力的支撑体系。先进的科学技术是循环经济的核心竞争力。因此，必须建立符合国情的循环经济技术支撑体系。循环经济技术体系的发展重点是环境友好技术或环境无害化技术，具体由5类构成：替代技术、减量技术、再利用技术、资源化技术、系统化技术。所以，要加强战略性的海洋高新技术项目的研究开发，以新的理论和新的方法来延长海洋经济的产业链，完善和实施"科技兴海"计划，落实人才强国和科技兴海战略，鼓励海洋科技的源头创新，努力探索出一条资源消耗低、环境污染少、科技含量高、经济效益好，并且使涉海人力资源优势能够得到充分发挥的新型人海和谐发展模式。

国际合作保护海洋

加强国际合作

近年来，中国双边、区域性和多边的环境合作与国际公约履约工作成效显著，海洋环境保护国际合作项目进展顺利。

作为最大的发展中国家和环境大国，中国一直积极参与全球环境合作和履约工作。近年来，中国在参与和推动国际环境合作与交流方面日益活跃，扩大了影响，树立了负责任的环境大国形象；同时，在双边、多边和区域国际环境合作中，坚持"以外促内"原则，围绕中国的环境保护事业，维护国家权益，争取最大利益，极大地推动了中国的环境保护进程。

中国与世界上许多国家和国际机构开展的环保引资和项目合作有所突破，对中国的环保建设有极大的推动作用。其中 2003 年仅多边机制下就获得 7700 万美元赠款。环保科技合作项目呈逐年上升趋势，大大提高了全国环保工作的管理和科技水平。通过借鉴发达国家有关环境保护的法律法规、标准和制度，如环境影响评价、污染者付费、排污许可证、总量控制等，建立了具有中国特色的环境政策、管理制度体系，加快了环境保护法制化建设。通过引进清洁生产、循环经济概念原则和方法及国际环境标准 ISO 14000 等先进管理经验和手段，促进了工业污染防治由末端治理向全过程控制转变。

在履行国际环境公约和国际环境义务中，由国家环保总局负责组织实施的海洋环境保护国际合作事务包括联合国环境规划署倡导的全球区域海行动计划、防止陆上活动影响海洋全球行动计划和双边政府合作协议。

中国是区域海行动计划东亚海行动计划与西北太平洋行动计划的成员国之一，在东亚海行动计划框架之下，中国参加的"扭转南中国海项目及泰国湾环境退化趋势"项目（简称"南中国海项目"）进展顺利，红树林、海草、湿地和防治陆源污染4个专题在第一轮项目示范区挑选中各有1个获得批准；共同完成了"东亚海跨境诊断分析"报告，组织编写了"南中国海跨境诊断分析与战略行动计划框架"国别报告；参与制定了防止陆源污染东亚海区域行动计划；参加了东亚海区域珊瑚礁监测与数据收集活动。

在西北太平洋行动计划方面，中国参加的6个项目分别为综合性数据库和管理信息系统项目；区域内国家环境政策、法规与战略项目；近海与沿岸及相关淡水环境监测和评价项目；海上油污染防备与应急反应项目；海洋环境保护公众宣传教育项目；保护海洋环境免受陆上活动污染项目准备。

防止陆上活动影响海洋全球行动计划，是由联合国环境规划署倡导实施的全球沿海国家环境保护活动，于1995年正式启动，其首要任务是通过寻求新的、额外的财力资源来建立市政污水处理设施，以减轻陆源对海洋的污染。中国积极参加了这个计划，始于1998年的《渤海碧海行动计划》是国内最大和最直接的活动。

始于1997年的中韩黄海环境联合调查项目是中国政府和韩国政府签约的环保合作项目。开展该项目能大量获取黄海公海海域环境质量状况的科学监测资料，科学、公正地掌握黄海公海海域环境质量状况，为两国政府进行黄海海域环境质量控制与污染防治提供科学依据。

海洋环保国际合作项目对我国的海洋环境保护工作起到了积极的促进作用。据悉，"南中国海项目"的海草专题组采用国际标准规范在我国南海周边三省区进行了海草资源及其生境状况的普查和重点区域海草场的调查，确定了海草场总面积和主要分布地，建立了重点海草场的信息数据表，分析了海草场面临的威胁及其因果链，评估了海草场经济价值，确定了国家级海草场优先保护区，专题成果提高了政府部门和公众对海草及其生态功能与经济价值的认识。

中俄签署海洋领域合作协议

2003 年 5 月 27 日，国家海洋局与俄罗斯自然资源部双方代表两国政府签署了《中华人民共和国政府与俄罗斯联邦政府关于海洋领域合作协议》。该协议是中俄两国政府级综合性双边协议，其中海洋生态环境保护将是双方开展合作的重要领域之一。

此次签署的中俄海洋领域合作协议，涵盖了海洋政策与立法、海岸带综合管理、海洋生态环境保护、海洋学研究与海洋技术、防灾减灾与海洋服务、大洋合作、极地合作等几乎所有海洋工作领域，是一个综合性的海洋合作协议。

中俄签署协议

此前，中俄两国在海洋领域已经开展了一系列合作，例如，中俄两国多年来在国际海底区域活动的重大国际问题上，互相协调立场、互相支持，共同推动国际海底新秩序的建立和发展。中国大洋矿产资源研究开发协会还与俄有关单位开始了共同研制深海载人潜水器的合作，合同金额高达 430 多万美元。

东亚海项目

东亚海环境管理伙伴关系计划，简称"东亚海项目"，是我国参与的一个重要多边海洋合作项目。这一项目由全球环境基金、联合国开发计划署和国际海事组织共同发起，主要目的是通过实施海洋的可持续发展，建立相关部门间的合作伙伴关系，解决跨行政管理边界的热点海域的环境管理问题。

东亚海项目目前已执行了 2 期。1994 年，东亚海地区首次实施了"防止东亚海域环境污染计划"，在中国厦门、菲律宾的八打雁及马六甲海峡设立示范区，通过实施海洋综合管理，提高了各国海洋管理的能力和水平；2000年又开展了"建立东亚海域环境管理伙伴关系计划"，主要内容是解决跨行政管理边界的热点海域的环境管理问题，在环境管理中建立相关部门间的合作伙伴关系。

2003年12月，东亚海项目12个成员国（即中国、日本、韩国、朝鲜、文莱、柬埔寨、越南、菲律宾、马来西亚、泰国、新加坡和印度尼西亚）的海洋部长和代表聚首马来西亚，召开了第一次东亚海大会和部长会议。会议通过了《东亚海可持续发展战略》和《普曲加亚宣言》，标志着东亚海项目进入了一个新的阶段。

为实施《东亚海可持续发展战略》，东亚海项目地区计划办公室向全球环境基金申请东亚海项目第三期，主要内容为实施《东亚海可持续发展战略》，实施期限为2007～2012年，实施项目的成员国扩大到15个国家，新增加老挝、缅甸和东帝汶。

此外，东亚海项目还提出每3年召开一次东亚海大会和部长会议，作为《东亚海可持续发展战略》执行的监督和决策机制。

中美海洋与海岸带管理科技合作

中国和美国都是海洋大国，在开展南海生物多样性保护、海洋监测能力建设、海洋保护区管理、有害赤潮（HAB）监测、厦门海洋生态系统修复等项目上双方都有长久的合作。

2006年10月16日，由联合国环境规划署主持的一次有关治理海洋污染的国际会议在北京召开，而中美两国也借此次会议的机会，进一步推进双方在海洋环境保护方面的合作。

来自115个国家的约700名代表参加了"保护海洋环境免受陆源污染全球行动计划第二次政府间审查会"，会议的主题是防治来自陆地对海洋的污染活动，如废水排放等。参加此次会议的包括美国国家海洋和大气局（NOAA）的代表。

NOAA在福建省的厦门、漳州和龙岩三个城市和周边地区帮助建立一个淡水污染管理体系，主要为这一体系提供技术支持。美方表示，有意和中方合作在该地区建立一个示范基地，展示如何减少陆源污染对海洋环境造成的破坏。

美国在保护近海环境免受陆源污染方面有长期的经验，而美国在有关领域已经和中国进行了 35 年的合作，双方应当更好地从过去的合作中吸取经验。

在厦门的支持项目是美国政府提出的"白水变蓝水"全球行动的一部分，该行动意在帮助别国建立沿海生态系统管理。联合国环境规划署的官员 Vandeweerd 表示，NOAA 为中国提供了及时的合作，在福建的项目将有助于将联合国环境规划署的"国家行动计划"更广阔地向中国推广。现在已经有 60 多个国家响应联合国环境规划署的呼吁制定了"国家行动计划"，治理陆源海洋污染。

NOAA 在福建第一阶段的项目很成功。如果第二阶段也能在福建省的更大范围内产生成效，就有很好的基础将其扩展到中国更多区域。

陆源海洋污染确已成为危害亚洲环境的重大问题。由于亚洲 90% 的污水都是不经处理直接倾倒，导致海洋环境日益恶化，对沿岸的捕鱼等产业也带来影响。未经处理的废水、荒漠化带来的流入海洋沉淀物的增加、农药使用的增多和海岸地区的发展是带来威胁的主要因素。联合国环境规划署呼吁各国防止重要的栖息地、生态系统和海洋资源遭到破坏，如海滩、珊瑚礁、红树林和渔业。

中韩海洋科技合作

2009 年 11 月 17 日，中韩海洋科技合作联委会举行第十次会议，中国国家海洋局陈连增副局长和韩国国土海洋部海洋政策局朱成日告局长分别代表各自的部门续签了《中华人民共和国国家海洋局和大韩民国国土海洋部海洋科学技术合作谅解备忘录》。以陈连增副局长为团长的中方代表团和由朱成日告局长率领的韩方代表团共 30 余人与会。

1994 年两国签署了《中韩海洋科学技术合作谅解备忘录》，建立起长期、稳定的双边海洋领域合作机制。15 年来，在双方海洋事务主管部门的共同推动下，两国在海洋科技、海洋政策立法、海洋与海岸带管理、海洋生态环境保护、极地考察、大洋考察等领域开展了大量富有成效的合作，取得了令人瞩目的成绩。其中包括：黄海环境污染减轻对策研究、中韩黄海业务海洋学合作方案建立的可行性研究和战略计划、海洋浮标的开发和研制、黄海沿岸地区 TBT 监测和 TBT 灾害防治、目标赤潮生物种类的生态学与海洋学、黄海海洋环境预报与减灾合作研究和黄海大海洋生态系研究。

会议回顾了双方自上次联委会会议以来的有关工作情况，确定了包括海洋生态环境保护及监测、大洋考察、极地考察以及设立黄海海洋论坛等 4 个未来主要合作领域。会议还通过了黄海冷水团海域生态系及生物多样性调查等 7 个本次联委会确定的新合作项目，并同意互相予以支持。会议决定，进一步加强中国国家海洋局与韩国国土海洋部间的直接联系和沟通。双方还同意支持并轮流举办黄海海洋论坛，每次论坛的主题由双方共同商定。

保护组织的建立

绿色和平组织

绿色和平组织是一个联合会性质的国际组织，它所从事的活动代表着主张裁军、建立无核区无核海域、保护海洋动物资源等势力的利益。绿色和平组织从事的活动范围很广，其中包括：反对破坏海洋动物资源的商业性活动；反对损害南极环境的行为；反对在近海开采石油以免对近海造成污染；反对倾倒有毒废料；反对污染空气，防止酸雨生成；反对向地下道排放有毒化学废料；反对欧洲建立核电站；反对美国制造核武器；反对任何地方以任何形式处理核废料。绿色和平组织的工作原则是：非暴力行动、脱离党派之争、坚持国际主义。

绿色和平组织的活动得到了许多人的支持，到 1992 年，绿色和平组织的成员及其支持者至少有 250 万之多，他们遍及世界各地。该组织的预算在

绿色和平组织标志

1980年是100万美元，到1992年已增至2750万美元，预算资金全部来自捐款。

截至1992年，绿色和平组织在20个国家设有32个主要办事处，在南极还设有基地，拥有9艘船，雇用了400名全日制工作人员和数百名业余工作人员，此外还有一支数以千计的庞大的支援者队伍。该组织的工作人员报酬不高，实行低工资政策的目的，是吸引那些致力于环境保护的人参加，而不是靠金钱诱惑人们参加其活动。

为了保护海洋环境，全世界沿海国家都成立了一些地区性的海洋环保组织。其不懈的努力必将唤醒人们的环保意识，使人类可以从容地面对未来，迎接可持续发展的新世纪。

国际海事组织

国际海事组织（International Maritime Organization—IMO）是联合国负责海上航行安全和防止船舶造成海洋污染的一个专门机构，总部设在伦敦。该组织最早成立于1959年1月6日，原名"政府间海事协商组织"，1982年5月改为现名，现有167个正式成员。香港特别行政区和澳门特别行政区为该组织联系成员。

该组织宗旨为促进各国间的航运技术合作，鼓励各国在促进海上安全、提高船舶航行效率、防止和控制船舶对海洋污染方面采取统一的标准，处理有关的法律问题。

国际海事组织理事会共有40名成员，分为A、B、C三类。其

国际海事组织标志

189

中 10 个 A 类理事为在提供国际航运服务方面有最大利害关系的国家，10 个 B 类理事为在国际海上贸易方面有最大利害关系的国家，20 个 C 类理事为在海上运输或航行方面有特殊利害关系并能代表世界主要地理地区的国家。理事会是该组织的重要决策机构。该组织每 2 年举行一次大会，改选理事会和主席。当选主席和理事国任期 2 年。2005 年 11 月 22 日，中国驻英国大使查培新在伦敦举行的国际海事组织第 24 届大会上当选国际海事组织大会主席。

中国于 1973 年恢复在国际海事组织中的成员国地位，曾在该组织第 9 ～ 15 届大会上当选为 B 类理事，并自 1989 年第 16 届大会起连续当选为 A 类理事。2007 年 11 月，中国再次当选国际海事组织理事会 A 类理事。这是中国连续第十次当选 A 类理事。

海洋守护者协会

海洋守护者协会（Sea Shepherd Conservation Society）是美国的一个非营利的、注册免税的组织，且是荷兰的一个已注册的基金会。它驻扎在美国华盛顿州的星期五港（Friday Harbor）和用于其南半球行动的澳大利亚墨尔本。协会成员们在联合国《世界自然宪章（1982 年）》和其他保护海洋物种与环境的法律法规的指导下开展运动。它掌握着一支 3 艘船的船队，并称之为"尼普顿的舰队"（Neptune's Navy）：考察船"法利·莫沃特"（RV Farley Mowat）、内燃机船"史蒂夫·欧文"（MV Steve Irwin）和考察船"海牛"（RV Sirenian），以及若干小一些的船艇。

绿色和平的早期成员保罗·沃森（Paul Watson）与该组织关于对鲸鱼遭杀害的"见证"态度起了一次争执以后，于 1977 年建立了协会。与（坚持避免破坏或物理妨碍

海洋守护者协会标志

海上捕鲸船只的方针的）绿色和平截然不同的是，海洋守护者参与包括毁坏和用其他方式物理妨碍捕鲸船作业在内的"直接行动"。

南极海洋生物资源养护委员会

南极海洋生物资源养护委员会（Convention for the Conservation of Antarctic Marine Living Resources）是南极条约体系的一部分，成立于 1980 年，总部位于澳大利亚塔斯马尼亚州。委员会的目标是保护南极周边海域的环境和生态系统完整性，并保存南极海洋生物资源。

成员国有阿根廷、澳大利亚、比利时、巴西、保加利亚、加拿大、智利、欧盟、芬兰、法国、德国、希腊、印度、意大利、日本、韩国、纳米比亚、荷兰、新西兰、挪威、秘鲁、波兰、俄罗斯、南非、西班牙、瑞典、乌克兰、英国、美国、乌拉圭和瓦努阿图。

国际海洋科学组织

国际海洋科学组织 International Marine Science Organizations 是在海洋科学方面开展合作活动的两国或多国组织的总称。

1902 年成立的国际海洋考察理事会（ICES）是第一个国际海洋科学组织，其他组织绝大多数成立于第二次世界大战后。有些组织是政府间组织，受两国或多国政府间签订的有关海洋条约或协定的约束；有些是民间组织，通常由共同关心海洋某一专题的组织或个人组成。全面关心海洋科学的政府间国际组织以联合国教科文组织（UNESCO）下属的政府间海洋学委员会为代表，民间国际团体以国际科学联合会理事会（ICSU）下属的海洋研究科学委员会为代表。这两个委员会参与许多重要的世界性海洋科学活动。其他政府间或民间组织的科学活动范围都比较小，多限于某一地理区域或专题。

政府间国际海洋科学组织以联合国系统为主。联合国大会就国家管辖范围以外海床利用的立法和管辖问题，与海洋科学事务有直接关系。在联合国专门机构中，联合国粮农组织（FAO）、世界气象组织、教科文组织和政府间海事协商组织（IMCO），分别就海洋渔业、海洋气象、海洋科技培训和规划促进工作，以及国际航运和海上安全事项这些方面，与海洋科学事务有密切关系，其中1960年成立的政府间海洋学委员会是负责协调海洋科学活动的重要组织。在联合国跨组织联合小组中，也有一些有关海洋科学事务的组织，如海洋学科学规划联席委员会（ICSPRO）、海洋污染科学专家组（GESAMP）、全球海洋站系统联合促进组等。

联合国系统以外有五六十个独立的政府间国际海洋科学组织。其中多边组织较多，大多为专门设置。组建目的多是为海洋渔业服务，也有为区域性海洋测量、区域性海洋资源开发、区域性海洋环境保护，以及其他区域性专题研究而组建的。例如，由巴西、加拿大、古巴、法国、加纳、象牙海岸、日本、朝鲜、摩洛哥、葡萄牙、塞内加尔、南非、西班牙和美国于1966年组成的国际大西洋金枪鱼资源保护委员会（ICCAT），目的是促进大西洋金枪鱼资源的研究和保护；由中国和日本于1975年组成的中日联合渔业委员会（JCFC），目的在于促进黄海和东海渔业资源研究、交换有关资料和制定保护措施；由联邦德国、瑞典、丹麦、挪威、法国、英国和荷兰于1962年组成的北海水道测量委员会（NSHC），目的在于促进北海航道测量的合作，并为勘探利用北海能源制订有关政策；由澳大利亚、法国、英国、新西兰、荷兰和美国于1947年组成的南太平洋委员会（SPC），主要目的是促进南太平洋区域的海洋资源开发。

民间国际海洋科学组织以国际科联理事会系统为主。国际科联理事会通过常设的特别委员会，研究和处理下属联合会中的海洋科学活动。这种委员会主要有海洋研究科学委员会和南极研究科学委员会（SCAR）。其中海洋研究科学委员会又是政府间海洋学委员会的科学咨询团体。有关的联合会为便利海洋科学活动，设置了相应的独立协会或委员会，主要有：

①国际大地测量学和地球物理学联合会（IUGG）下设的国际海洋物理科学协会（IAPSO），1919年初建时作为该联合会的海洋处，1931年正式成为国际物理海洋学协会（IAPO），1967年改用现名。中国是成员国之一。该协会的宗旨是：促进有关海洋及其与边界相互作用的科学研究，重点是借助数学、物理学和化学方法能完成的研究课题；发起、促进并协调需要

国际合作的海洋调查研究；为有关问题的讨论和发表提供便利。主要附属机构有：海洋地球物理学委员会、海洋化学委员会、物理海洋学委员会、潮汐与平均海平面委员会，以及海—气相互作用联合委员会。

②国际生物科学联合会（IUBS）下设的国际生物海洋学协会（IABO），建于1966年，宗旨是增进海洋生物学研究，提供并加强生物海洋学家之间的联系。曾参与"海洋学联合大会"、"国际南大洋研究"等多项合作活动。1975年建立了一个珊瑚礁常设委员会。

③国际地质科学联合会（IUGS）下设的海洋地质学委员会（CMG），宗旨是促进海底地质学、地球化学和地球物理学的调查研究活动，并促进调查研究成果的广泛传播。

此外，在联合会间委员会中，还有一些与海洋科学活动有关的组织，主要有上地幔委员会（UMC）、联合会间地球动力学委员会（ICG或IICG）和日地物理学科学委员会（SCOSTEP）。在国际科联理事会系统内另有4个与海洋科学有关的机构：设在法国斯特拉斯堡的国际地震中央局（BCIS），设在巴黎的国际重力局（IGB），设在英国海洋科学研究所的平均海平面常设办事处（PSMSL）和设在布鲁塞尔的地球潮汐常设办事处（SPMT），这些机构分别处理在世界范围内收集的观测资料。

国际科联理事会系统以外，有关海洋科学的民间国际组织有七八十个。

由于一个组织的成员经常应邀参加其他组织的会议，从而逐渐形成两个或多个组织新组成的专门团体，即国际政府间和民间组织的混合组织。一般是由政府间组织提供指导和经费，由民间组织提供专家和技术。主要有：

①海洋学联合大会（JOA）。世界海洋科学家的联合大会，自1959年始，约6年召开一次，综述海洋科学各方面进展状况。大会由许多国际海洋科学组织联合主办，20多年来已举行过5次大会。

②北大西洋联合协调组（NAT）。国际海洋考察理事会、国际西北大西洋渔业委员会（ICNAF）和政府间海洋学委员会的秘书处间的组织，为协调北大西洋研究工作而设立，每2年召开一次会议。

③江河输入海洋系统联合工作组（RIOS）。由来自海洋资源研究咨询委

员会（ACMRR）、海洋资源工程委员会、国际水文科学协会（IAHS）和海洋研究科学委员会的成员组成。

④国际海洋研究科学工作组（SAIOR）。由来自海洋资源研究咨询委员会、海洋研究科学委员会和世界气象组织的成员组成。此外，有一些由一个或多个国际组织主办的资料中心和服务部门。除世界资料中心（海洋学）外，其他资料中心或负责某一专题，或负责某一海区的资料工作。世界资料中心（海洋学）分别设在华盛顿和莫斯科，专门从事海洋资料的收集、编目、建档、交换、供应、出版等工作。亚速尔水下固定声场中心（A-FAR）、墨西哥海洋生物分类中心（CPOM）、渔业资料中心（FDC）、印度洋生物学中心（IOBC）、国际地震学中心（ISC）、国际海啸情报中心（IT-IC）、黑潮资料中心（KDC）、地中海海洋分类中心（MMSC）、区域海洋生物学中心（RMBC）等也都与海洋科学关系密切。

国际海域的保护

国际海域，又称公海，是指各沿海国管辖范围以外的广大海洋。1982年通过的《联合国海洋法公约》第六十八条指出：公海部分的规定适用于不包括在国家的专属经济区、领海或内水或群岛国的群岛水域内的全部海域。国际海底区域是人类的共同继承财产。

公海的环境保护

2000 年，北半球第一个公海自然保护区最近在地中海建立。这一自然保护区将为鲸和海豚等海洋濒危物种提供良好的保护。

意大利、摩纳哥和法国达成协议，决定在三国共有海域和公海建立保护区。这一保护区位于地中海西北，面积为 84000 平方千米，相当于瑞士国土面积的 2 倍。

根据协议，这三个国家将协调对该海域的监管，并加强对保护区内污染源的控制。

在这一海域的海洋生物都将得到更好的保护，将对污染和噪声采取更严格的防范措施，对捕鱼业的规定也会更严厉，特别是要禁止使用拖网。

意大利环境部长·爱多·伦奇说："我们不会在保护区海域内设立特别的围栏或界标。我们只想让人们在利用这一海域时有这样一种意识，那就是，这里有一些价值非凡的东西，我们有责任对其进行保护。"

这一海洋保护区所在海域是众多小型和大型鲸类以及海豚的主要捕食区，它们的密度比地中海其他海域要高 2 ~ 4 倍。

2004 年 6 月，环保组织敦促联合国禁止在国际海域的水底拖网捕鱼，认为这种行为是公海上最具破坏性的捕鱼方式。

渔船在进行水底拖网捕鱼时，会沿着极深海洋底部靠近海底山（水下的山峰）的地方拖曳巨大的渔网，将沿途的珊瑚、海绵和其他深海生物栖息地毁坏殆尽。

深海保护联盟（Deep Sea Conservation Coalition）表示，由于大多数海底山都在国家法律的管辖围之外，因此这种捕鱼方式在全球广阔的公海上完全不受规约。

提出此项要求的环保组织包括：自然资源保护协会（Natural Resources Defense Council）、绿色和平组织（Greenpeace International）、世界自然资源保护联盟（The World Conservation Union）、保护国际（Conservation International）和世界野生生物基金会（WWF International）。

渔业专家詹尼（Matthew Gianni）表示，最近可取得的数据显示，丹麦、爱沙尼亚、冰岛、日本、拉脱维亚、纽西兰（新西兰）、挪威、葡萄牙、俄罗斯和西班牙等 11 国光在 2001 年就占据了全部公海水底拖网捕鱼量的 95%。

2004 年 9 月，世界野生动物基金组织（WWF）与华轮威尔森航运公司（Wallenius Wilhelmsen Lines）签定 3 年协议，共同促进公海保护。

该协议也将加强 WWF 全球海洋计划在公海保护方面以及在挪威濒危海洋工程方面的工作。据 WWF 称，华轮威尔森航运公司将帮助组织改善公海管理，建立和发展行之有效的保护方案，例如公海海洋保护区域（High Seas Marine Protected Areas—HSMPAs）。

WWF 公海保护策略包括降低违法、违规、未报（IUU）捕捞对海洋造成的不利影响，发展管理全球金枪鱼捕捞渔船的最佳方法，降低海洋物种如海龟、海豚和鲨鱼的副渔捕捞水平。

WWF 全球海洋工程主任 Simon Cripps 说，这次 WWF – Wallenius Wilhelmsen 协议对保护海洋环境具有重要意义，有效保护深海资源免受拖网捕捞威胁。

国际海底区域的环境保护

国际海底区域是指国家管辖范围以外的海床、洋底及其底土，即国家领土、专属经济区及大陆架以外的海底及其底土。国际海底区域是《海洋法公约》确立的新的国际法概念和海洋区域。"区域"不影响其上覆水域及其水域上空的法律地位。

根据《联合国海洋法公约》的规定，"区域"及其自然资源是人类共同继承财产，任何国家不得对"区域"或其任何部分主张主权或行使主权权利，任何人不能将"区域"或其资源的任何部分据为己有。"区域"对所有国家开放，各国都可以为和平的目的加以利用。"区域"内的活动应为全体人类的利益而进行。"区域"内一切资源属于全人类，由国际海底管理局代表全人类加以管理。

（1）区域应不加歧视地开放给所有国家，不论其为沿海国或内陆国，专为和平目的利用。

（2）各国在区域的活动应符合《海洋法公约》的有关规定，并符合《联合国宪章》及其他国际法规则。

（3）对于在区域内未履行公约规定的义务而造成的损害，行为者应承担国际赔偿责任。

（4）区域内的活动应为全人类的利益而进行，并应特别考虑发展中国家的利益。区域内的活动还应顾及沿海国的权利和合法利益。

（5）区域内的科学研究应专为和平目的，并且为全人类的利益服务。区域内的活动应切实保护海洋环境。

（6）区域内发现的考古和历史文物，应为全人类的利益予以保存或处置，但应特别顾及来源国，或文化上的发源国，或历史和考古上的来源国的优先权利。

根据 1982 年《联合国海洋法公约》第十一部分（"区域"部分）和 1994 年《关于执行 1982 年〈联合国海洋法公约〉第十一部分的协定》，国际海底开发制度主要内容包括：国际海底管理局组织和控制区域内的活动，特别是区域内的资源的开发活动。海底局包括由全体缔约国组成的大会、36 个国家组成的理事会、负责开发生产活动的企业部和秘书处四个主要机构。

南极地区的环境保护

从 1958 年 6 月起，阿根廷、澳大利亚、南非、美国等 12 国代表经过 60 多次会议，在 1959 年 12 月 1 日签署了《南极条约》（1961 年 6 月 23 日生效）。此后，南极条约协商国又于 1964 年签定了《保护南极动植物议定措施》，1972 年签定了

壮美的南极大陆

《南极海豹保护公约》，1980 年签定了《南极生物资源保护公约》。1988 年 6 月通过了《南极矿物资源活动管理公约》的最后文件，该公约在向各协商国开放签字之时，由于《南极条约环境保护议定书》的通过而中止。但由于南极条约环保议定书中的很多条款系直接引自矿物资源活动管理公约，因此，《南极矿物资源活动管理公约》仍被视为可引为参考的重要法律文件。1991 年 10 月在马德里通过了《南极环境保护议定书》和"南极环境评估"、"南极动植物保护"、"南极废物处理与管理"、"防止海洋污染"和"南极特别保护区"5 个附件，并于 10 月 4 日公开签字，在所有协商国批准后生效。关于环境保护的南极议定书 1991 年 6 月 23 日

在马德里通过，并于当年 10 月 4 日开放签署，1998 年 1 月 14 日生效。

该议定书旨在保护南极自然生态。议定书规定，严格禁止"侵犯南极自然环境"，严格"控制"其他大陆的来访者，严格禁止向南极海域倾倒废物，以免造成对该水域的污染。议定书还规定禁止在南极地区开发石油资源和矿产资源。

26 个国家签署了该公约，对南极生态保护承担严格的义务。1991 年 10 月 4 日，中国签署了该公约。

南极是地球上被开发、未被污染的洁净大陆，蕴藏着无数的科学之谜和信息。南极科考在地球环境气候、天文学、地质学、生物学等科学领域占有重要地位；南极是地球的共同财富，其蕴藏的丰富资源和能源，对于科考国具有重要的经济意义；南极科考领域的不断纵深发展，对于实现社会可持续发展，激励民族精神，展示国家综合实力具有重要的社会和政治意义。

中国参与南极科考，作为安理会常任理事国和世界上最大的发展中国家，中国参与南极科学考察的意义尤显重大。早在 1983 年 8 月，中国就加入《南极条约》。1984 年 6 月，中国成立了第一支南极考察队。1985 年 2 月，中国在南极洲乔治岛上建立了中国南极长城考察站，同年 10 月 7 日中国又获得《南极条约》协商国资格。1989 年 2 月 26 日，中国科学工作者又在南极圈内的普里兹湾建立了中国南极中山考察站。此次南极科考 DOME－A 建站，显示了中国南极科考具备了从南极边缘向大陆纵深拓展的能力，标志着中国正在由极地考察大国向极地考察强国方向

南极科考船

迈进，也是中国于第 4 个国际极地年期间在人类极地考察史上留下的宝贵物质财富。建站对于提升中国在南极的科考水平、推动南极国际合作、保护南极环境将产生积极的影响。

具有重要的科学价值、美学价值和荒野价值的南极格罗夫山地区哈丁山，是我国独立提出并获得批准的第一个"南极特别保护区"。在 2009 年 11 月 11 日启程的我国第 26 次南极科学考察活动中，我国科考队员在格罗夫山地区开展一系列科学考察，同时进行环境管理和保护，这是我国首次在"南极特别保护区"履行环境管理与保护义务。

总面积约 1400 万平方千米的南极洲，是世界上最大、最质朴的一个荒野大陆，同时也是唯一的一个主权归属未定的大陆，设立"特别保护区"是各国管理南极事务、切实保护南极环境的一种特殊方式。截至目前，南极条约协商会议已批准设立了 70 多个南极特别保护区和 7 个特别管理区，保护区总面积超过 3000 平方千米。

国家海洋局极地考察办公室表示，南极特别保护区的建设从一定程度上反映出一个国家在南极科学的研究水准，同时也提升了一个国家在国际南极事务中的话语权和决策权。

在 2008 年召开的第 31 届南极条约协商会议上，我国提出的格罗夫山哈丁山南极特别保护区管理计划获得会议批准，成为我国设立的第一个南极特别保护区。保护区位于格罗夫山中部的哈丁山一带，长约 12 千米，宽约 10 千米，呈不规则四边形，岛链状分布的冰原岛峰构成的山脊纵谷地貌，保留着冰盖表面升降遗迹，分布着自然界罕见的、极易被破坏的典型冰蚀地貌与风蚀地貌，这些冰川地质现象既有重要的科学价值，又有罕见的荒野价值和美学价值。

2008 年 12 月 1 日《南极条约》签署五十周年。联合国秘书长潘基文在为此发表的录像致词中指出，《南极条约》的通过是国际合作的典范，他鼓励各国为保护南极环境、应对气候变化等挑战继续加强合作。

潘基文表示，《南极条约》诞生半个世纪以来，新的挑战不断涌现，非法捕捞、旅游业的不利影响、商业生物勘探等活动都对南极脆弱的生态系统构成威胁，而最严重的威胁当属气候变化。

潘基文指出，要应对气候变化等挑战，就需要加强国际合作，这种合作并不局限于《南极条约》缔约国之间，而应涵盖整个国际社会。他敦促所有相关方为保护南极、促进科学研究以及人类进步而共同努力。

加强立法

联合国海洋法公约

　　在联合国的历史上，至今为止，一共举行过 3 次海洋法会议。第 1 次是 1958 年 2 月 24 日至 4 月 27 日在日内瓦召开的；第 2 次是 1960 年 3 月 17 日至 4 月 26 日在日内瓦召开的；第 3 次从 1973 年 12 月 3 日开始，先后开了 11 次共 15 次会议，直至 1982 年 4 月 30 日通过《联合国海洋法公约》（United Nations Convention on the Law of the Sea，简称 UNCLOS）。

　　第 1、2 次海洋法会议，由于当时历史条件所限，参加会议的国家中，亚洲、非洲和拉丁美洲的发展中国家只占其中半数。会议通过的 4 项日内瓦海洋法公约，即《领海和毗连区公约》、《公害公约》、《公海渔业与生物资源养护公约》和《大陆架公约》，不利于广大发展中国家（尤其是广大沿海国家）维护主权和海洋权益。而第 3 次海洋法会议是一次所有主权国家参加的全权外交代表会议，此外还有联合国专门机构的成员参加，一共有 168 个国家或组织参加了会议。也是迄今为止联合国召开时间最长、规模最大的国际立法会议。会议通过《联合国海洋法公约》（以下简称《公约》）是广大发展中国家团结斗争的结晶。

　　该《公约》共分 17 部分，连同 9 个附件共有 446 条。主要内容包括领海、毗邻区、专属经济区、大陆架、用于国际航行的海峡、群岛国、岛屿制度、闭海或半闭海、内陆国出入海洋的权益和过境自由、国际海底以及海洋科学研究、海洋环境保护与安全、海洋技术的发展和转让等等。

　　其中，有些内容是对旧的法律制度作了进一步的修改、完善。例如，对领海宽度的确定，对大陆架边缘的界定等；有些则是新建立起来的制度，如群岛水域、专属经济区、国际海底等等。《公约》是国际间多种势力相妥协的产物，难免存在一些不足之处甚至严重缺陷，但就总体而言，仍不失为迄今为止最全面、最综合的管理海洋的国际公约。自 1971 年第 26 届联合国大会决定恢复中华人民共和国在联合国的合法地位以后，与广大发展中国家一道，同霸权主义做了不懈的斗争，为《联合国海洋法公约》的产生做出了应有的贡献。该《公约》于 1982 年 12 月在牙买加开放签字，我国是第一个签字的国家之一。按照该《公约》规定，《公约》应在 60 份批准书或加入书交存之后 1 年生效。从太平洋岛国斐济第一个批准该《公约》，到 1993 年 11 月 16 日圭亚那交付批准书止，已有 60 个国家批准《联合国海洋法公约》，这就意味着该《公约》到 1994 年 11 月 16 日正式生效。我国于 1996 年 5 月 15 日批准该《公约》，是世界上第 93 个批准该《公约》的国家。

国际干预公海油污事件公约

《国际干预公海油污事件公约》（International Convention Relating to Intervention on the High Seas in Cases of Oil Pollution Casualties，1969）为确定沿海国对公海发生油污事件损害利益采取干预措施而签订的国际公约，简称《干预公约》。1969 年 11 月 10 ~ 29 日，由政府间海事协商组织在布鲁塞尔召开的海上污染损害国际法律会议上通过。1975 年 5 月 6 日生效。共 17 条和 1 个附录。

主要内容：在发生海上事故后，如有根据地预计到将造成严重后果，沿海国有权在公海上采取必要的措施，以防止、减轻或消除由于海上油类污染或污染威胁而对其海岸或有关利益造成的"严重而又紧迫的危险"。但是，沿海国所能采取的只是那些被认为是必要的措施，而且必须与实际造成的损害或势将发生的损害相适应，不应超出为达到防污目的而采取的必需措施范围，并应在达到此目的后立即停止行动，而在采取任何措施之前，应与有关利益方（包括船旗国、船舶所有人和船上所载货物的所有人等）进行协商，在情形允许的情况下，还应与为此目的而聘用的独立专家进行协商。沿海国应对超出公约所允许采取的措施所造成的损害负赔偿责任。

缔约国之间的任何争议，如果不能通过协商解决，经任何一方提出要求，可以提请调解，倘调解不成，则提请仲裁：有关调解和仲裁的程序要求，公约附录作了具体规定。适用的"船舶"是，任何类型的海船和任何浮动船艇，但为勘探和开发海床、洋底和海底资源的设备除外，且不适用于军舰或国家拥有或经营的并在当时仅用来从事政府的非商业性服务的其他船舶。沿海国可干预的"海上事故"是指，船舶碰撞、搁浅或其他航行事故，或是在船上或船舶外部发生的对船舶或货物造成物质损失或有造成物质损失的紧追威胁的事故。截至 1995 年 12 月 31 日止，已有 67 个国家加入该公约。我国于 1990 年 2 月 23 日加入，1990 年 5 月 20 日对我国生效。